CAMPAGNOLS ET MULOTS

LEURS RAVAGES

MOYENS DE LES DÉTRUIRE

Par M. AUMIGNON aîné

Médecin-vétérinaire à Châlons-sur-Marne.

CAMPAGNOLS OU SOURIS DES CHAMPS

CHALONS-SUR-MARNE

J.-L. LE ROY, imprimeur-libraire.

1872

AVANT-PROPOS

La Société d'agriculture, commerce, sciences
et arts de la Marne, préoccupée de l'apparition
périodique et de l'extension du mal profond
que cause à notre industrie agricole l'irruption
exceptionnelle des campagnols et des mulots,
a bien voulu nous laisser la mission de lui
présenter le tableau de cette déplorable situation qui ruine nos laborieux cultivateurs et de
faire connaître les meilleurs moyens d'y remédier.

Pour répondre à sa confiance, et pénétré
nous-même de la gravité de cette question,
nous nous sommes livré à des investigations
pour étudier ce sujet et pour rapprocher nos
propres observations des documents pratiques
que nous avons choisis et trouvés épars, lesquels, ainsi réunis, pourront être, nous l'espérons, plus facilement et plus utilement con-
sultés.

C'est le résultat de ce petit travail, déjà publié en plusieurs articles dans le *Progrès de la Marne,* en *aout, septembre* et *octobre,* 1872, que, sur la demande qui nous a été faite, nous reproduisons dans cette courte brochure avec quelques modifications enseignées par l'usage et par le temps.

Si nous nous sommes inspiré de notre appréciation et de notre expérience, nous avons puisé également à de bonnes sources que nous nous empressons de citer.

Mammalogie de Desmarest, 1820.

Encyclopédie pratique de l'agriculteur, par Moll et Gayot, 1861 ; — article *campagnol.*

Les petits quadrupèdes de la maison et des champs, par Eug Gayot, 1871.

Annales de l'agriculture française, t. IX, X, IX, an x.

L'abbé Rozier, an ix.

Nouveau dictionnaire complet d'agriculture; t. 3e, 1821.

Dictionnaire universel d'histoire naturelle.

Annales d'hygiène publique et de médecine légale, avril 1861, page 411...

Documents extraits du secrétariat de l'asile d'aliénés de Châlons.

Pratique générale observée dans les campagnes, etc.

Pour être utile, ce petit ouvrage vient peut-être trop tardivement, c'est-à-dire, après la bataille, et lorsque le gros de l'ennemi est vaincu. Néanmoins, nous le livrons à la publicité, trop persuadé qu'il y aura lieu de défendre encore notre sol contre le même envahisseur qui nous menace sans cesse par ses rejetons et que, d'ailleurs, les dures épreuves qu'il vient de nous faire subir nous imposent l'obligation d'attacher la plus grande importance à le traquer et à le pourchasser toujours, en toute saison, même dans son plus grand état d'isolement; car, alors, il est certain de l'atteindre, et par conséquent de conjurer le mal incurable qu'il nous cause quand il nous attaque en nombre.

Nous savons que ce rustique et petit opuscule, d'une si faible importance comme écrit, est entaché d'imperfections, de redites, etc, qui résultent d'interruptions fréquentes et sans doute aussi de notre incompétence ; mais en acceptant cette modeste tâche, nous avons compté sur la bienveillance et sur l'indulgence du lecteur ; n'ayant eu d'autre but, d'ailleurs, que de remplir un devoir en appelant l'atten-

tion et le concours de tous contre le fléau qui
nous frappe, et de n'adresser nos conseils qu'à
ceux qui croiront pouvoir les consulter pour
en tirer parti.

———

TABLE ET ORDRE DES MATIÈRES

CAMPAGNOLS ET MULOTS

LEURS RAVAGES

MOYENS DE LES DÉTRUIRE

Par AUMIGNON aîné,
Médecin-vétérinaire à Châlons-sur-Marne.

Le campagnol et le mulot

Le campagnol vulgaire, *arvicola vulgaris*, et le rat-mulot, *mus agrestis major*, sont compris dans les nombreuses espèces *du genre campagnol et du genre rat. de l'ordre des rongeurs*. (DESMAREST.)

On les confond généralement sous les noms *de souris ou de petits rats d s champs.*

Le premier, dit *courte queue*, si répandu dans nos contrées, est plus gros, assez long de corps quand il est en marche et d'un gris roussâtre, blanchâtre sous le corps ; sa queue n'a que deux à trois centimètres de longueur, sa tête est grosse, ses oreilles larges, courtes, comme tronquées et en partie cachées par le pélage, ses membres sont courts, très-agiles ; pendant la locomotion, l'animal est si près de terre qu'il semble glisser très-vivement comme une vipère.

Le second, encore appelé *longue queue et rat-sauterelle*, a la tête moins forte, les yeux noirs, vifs, saillants, la queue grande, les oreilles droites bien ouvertes et dégagées, ses extrémités sont blanches, les antérieures courtes, avec quatre doigts onguiculés comme chez le campagnol, les postérieures hautes, armées de cinq doigts également onguiculés, brunâtres en dessous, dépourvues de poils jusqu'aux jarrets sur lesquels il s'appuie comme les plantigrades, et dont la détente aidée de la queue qui fait l'office d'un levier à ressort, le fait sauter très-vivement et verticalement comme les sauterelles, ce qui lui permet de s'échapper des trous et des pots sans eau ; il est vif et alerte et très-difficile à attraper ; son pelage est un peu plus foncé que celui du campagnol.

Cette espèce est bien moins commune que la première ; nous ne l'avons remarquée que dans la proportion approximative de six à quinze pour cent, et principalement non loin des termes, des plantations, des jardins, des vergers et plus fréquemment depuis le mois d'octobre.

La souris ordinaire des maisons, des greniers et des granges, appartient aussi au *genre rat*. Elle est plus mignonne que le mulot, a les yeux moins gros, le museau moins effilé, la moustache noire un peu plus fournie, la queue grande, son pelage est d'un gris foncé plus régulier ; ses quatre membres sont plus courts, bruns, velus jusqu'aux doigts, ses mœurs sont moins rudes.

Tous ces animaux, comme les rats, recherchent l'obscurité pour leur retraite où ils se tiennent cois, et si la faim les chasse et les fait sortir le jour, il est de leur nature, pour éviter leurs ennemis, de choisir la nuit pour faire leur sabbat, leurs excursions et pour se livrer au pillage, au vol et à la destruction.

Ils ne se contentent pas de se repaître sur

place des fruits qui nous appartiennent, ils en emportent pour les emmagasiner, soit sous le sol où ils les prennent, soit en d'autres lieux plus ou moins éloignés, ainsi que le prouvent les labours qui mettent à découvert des approvisionnements d'une nature étrangère au produit cultivé.

Pour ce travail instinctif, ces animaux sont d'une dextérité inouïe ; c'est, ainsi qu'en une courte nuit d'été, nous avons vu des javelles couchées, dépouillées complètement de leurs épis transportés et cachés chez les voisins, et que le sous-sol d'un champ de blé, par exemple, renferme assez souvent des poignées d'épis d'orge, de seigle ou d'avoine et *vice versa*.

Nous connaissons des cultivateurs qui, le soir, avaient semé du froment qu'ils ne retrouvèrent plus le lendemain matin, au point qu'ils durent retourner au grenier chercher de la nouvelle semence, et, en labourant pour enfermer celle-ci, retrouver le grain de la veille, par poignée et de place à autre.

Le campagnol et le mulot ont un flair délicat, ou tout autre faculté, encore inconnue, qui leur permet, avec sûreté, de se diriger au loin, vers des lieux et des contrées fertiles pour y chercher leur subsistance, découvrir les graines mises sous terre, et même, dans les semis au semoir, de suivre les lignes des rayonneurs.

Enfin, nous connaissons une parcelle, un chaume d'avoine, éloignée de *trois cent cinquante mètres* de la vigne la plus rapprochée, située au-delà d'une grande route, sur laquelle on a trouvé, fin septembre, une collection de raisins épluchés, ou surtout sucés, car il n'en restait que les pellicules et les petits pépins.

On connaît d'ailleurs les ravages considérables ainsi causés à nos grands et beaux vignobles.

Ce qui nous frappe dans ces exemples, ce n'est pas le goût des rongeurs pour le jus délectable de la treille, aimé de tous les êtres ; mais bien leur aptitude à grimper sur les ceps et la distance parcourue pour cueillir et charrier la vendange qu'ils nous escamotent.

Est-ce là l'œuvre du mulot plutôt que du campagnol ? suivant les naturalistes nous sommes portés à le croire, sans pouvoir l'affirmer par nous-même. Ces faits qui s'accomplissent si promptement et les milliers de petites fouilles fraîchement commencées qui se remarquent dans les semailles récentes, etc., témoignent de la subtilité instinctive et de la grande agilité de cette véritable armée de travailleurs nocturnes et diurnes.

Du reste, ces animaux jouissent à peu près du détestable et même instinct de nous nuire, et les moyens de les détruire diffèrent peu.

Aussi, nous dispenserons-nous de grossir cet article par la description intéressante, sans doute, de l'histoire zoologique de ces petits êtres, nous réservant toutefois, de tenir compte, pour leur faire la chasse, de leurs facultés, de leurs mœurs et de leurs habitudes, étudiées, d'ailleurs, dans un chapitre fort savant, sur le mot *Campagnol*, de l'*Encyclopédie pratique de l'agriculteur* déjà citée, écrite en 1862, et dans l'ouvrage du même auteur sur les petits quadrupèdes de la maison et des champs, 1871.

Dégâts et dommages causés dans l'arrondissement de Châlons et dans le département, en 1872.

La grande calamité qui accable notre agriculture en rendant infructueux ses efforts, ses peines, ses capitaux, et en menaçant son avenir, nous autorisait à croire que de plus compétents s'occuperaient de ce sujet qui touche au vif des plus précieuses ressources de l'économie et de la fortune publiques ; mais le silence se prolongeant, le péril se montrant imminent, et des plaintes s'élevant de toutes parts, nous croyons devoir communiquer nos observations, sinon dans l'espoir d'être approuvé, du moins de provoquer une lutte et une croisade contre cette invasion souterraine, alliée et suivante fatale de la peste et de cette autre invasion première qui ne se contente ni de sang, ni de prétendues victoires et qui veut encore notre or pour s'en aller (1).

Pour n'être point organisées intellectuellement et infernalement comme cette dernière, les légions de la gent souris n'en sont pas moins redoutables par le pillage, et le saccage général des fruits de la terre, et par conséquent, de nos biens et de notre aisance ; tant il est vrai que la guerre, le vol et la rapine, sont des actes de sauvage barbarie

Quand on parcourt les directions de Châlons à Dampierre-au-Temple, à Saint-Étienne, à Melette, et de ce dernier point à Saint-Martin-

(1) Le fléau des souris coïncidait avec l'occupation l'armée allemande.

sur-le-Pré, à Recy, etc., on n'y voit que ruines et débris, gaspillage et désordre comme après un incendie, ou après le parcage de grands troupeaux libres, et on revient tout contrit et attristé par des désastres qui font de ces plaines le théâtre le plus navrant ; car, ordinairement, de mai en juillet et août, ces champs, couverts de céréales, de prairies, et si riches de moissons, font plaisir à voir ; ils promettent au fermier la juste récompense de ses labeurs ; tandis qu'en cette année, au moment de la récolte, tout est attaqué à divers degrés, depuis un dixième jusqu'à *l'anéantissement complet.*

Rien n'est épargné, prairies artificielles, seigle, froment, orge, avoine, pommes de terre et même les betteraves et les choux. Des chardons, beaucoup d'herbes sales couvrent les champs dévastés les premiers ; on croirait que ce sont des terres négligées ou abandonnées ; les derniers consommés ne présentent plus que le pied des chaumes incisés à la même hauteur comme avec la faucille ; d'autres ne laissent voir que des vestiges qui témoignent que là était du blé, du seigle, etc. Certaines pièces sont bigarrées de clairières et de places encore respectées, ou seulement éclaircies, mais qui au lendemain vont avoir leur tour ; quelques parcelles, il est vrai, vues à distance, ne semblent pas compromises, mais si on s'en approche et qu'on y pénètre, on est frappé des dégâts faits à peu près uniformément, et pouvant s'élever de deux à quinze vingtièmes. Au milieu de ce tableau, il faut chercher pour trouver de rares emblaves qui ne soient endommagées que de cinq vingtièmes.

Dans tous ces cas, qui se remarquent à tous les degrés de la végétation, le sol est jonché de débris et de paille coupée par morceaux de dix centimètres, couvrant et dissimulant les trous et les galeries des souris dont la retraite est alors d'autant plus assurée.

Dans ces contrées, ainsi infestées, si on a le malheur de laisser sur terre pendant vingt-quatre ou quarante-huit heures les javelles ou les quelques gerbes que l'on veut sauver, on est certain de ne retrouver que de la paille.

Ce qui frappe l'observateur, c'est que tous les épis ont disparu. Si on en aperçoit encore quelques-uns, ils sont rongés, et tous les autres sont emportés dans les galeries ou dans les petits silos que le campagnol se construit pour ses réserves dans le champ même, ou dans d'autres pièces plus ou moins éloignées et que le fer de la charrue met en partie à découvert, en se bourrant dans ces approvisionnements.

La terre végétale de ces terrains si endommagés est vermoulue et criblée de trous, surtout dans les prairies artificielles et les céréales d'automne ; elle est comme effritée, desséchée par un drainage superficiel et par sa trop grande aération, et sa fertilité même est amoindrie par la terre du sous-sol ramenée à la surface.

Tous les gazons, les termes, les talus des fossés, les bords des chemins, le long des haies, le pourtour des bornes, etc., sont également percés d'une infinité de trous et en partie couverts de terre remontée du sous-sol.

Toutes ces surfaces sont sillonnées de petits sentiers remarquablement bien lissés et bien

frayés qui prouvent les préférences de la souris pour tout chemin uni, non raboteux et qui
sont autant de petites lignes géographiques
plus ou moins flexueuses conduisant toujours
en un lieu de refuge, et dont quelques-unes,
cependant, sont droites pour aboutir à d'autres
semblables se dirigeant plus ou moins loin.

En parcourant ces contrées, même sans s'é-
carter des chemins, le matin au lever du soleil et le soir au coucher, et surtout la nuit, on
voit quantité de campagnols courir, folâtrer,
jouer et ronger avec une vivacité inouïe. Mais,
à leur approche, ou au moindre bruit, on les
voit filer raide comme un éclair et disparaître
vite à la faveur du nombre infini de leurs petites voies vicinales et des orifices de leurs galeries, où ils sont attirés comme par un aimant
ou par un fil invisible, sans même pouvoir
observer le jeu de leurs membres.

Les charretiers qui voyagent la nuit, en
voient beaucoup qui traversent les routes.

La surface envahie, qui nous occupe actuellement, n'a pas moins de six kilom. de long
sur six de large, soit 3,600 hectares ; si on en
suppose six cents en friche ou en jachère, il en
reste 3,000 régulièrement cultivés dont partie,
comme nous l'avons vu, ne donneront nulle
récolte, et le reste offrant un dommage de cinq
à dix-huit vingtièmes ; or, en moyenne, nous
estimons la perte à 200 francs par hectare, soit
600,000 francs, et nous croyons être d'autant
plus au-dessous de la vérité, que, dans cette
appréciation nous ne comptons pas l'intérêt du
fond, la moins-value des engrais, ni les frais
de labours et des semences qui représentent
une perte sèche pour les terres où la faulx

n'a rien à couper ; à ce dommage, il serait juste d'ajouter encore celui qui résulte, pour l'exploitation, de la privation de bestiaux par suite de l'impossibilité de nourrir et d'entretenir le nombre nécessaire. Ce mal, déjà si intense, est bien plus douloureux encore quand on considère qu'il survient dans une année d'abondance qui réjouissait le pauvre fermier en lui donnant l'espoir de réparer les désastres causés dans ses affaires par la sécheresse et la disette de 1870, par la guerre, l'invasion étrangère, par la peste, par la gelée et la grêle qui, dans nos localités, ont ruiné les céréales d'hiver et de printemps en 1871.

Ce n'est pas tout, ce fléau, nous venons de le voir seulement dans nos champs , mais on sait que d'autres en sont également victimes ; Saint-Memmie, Sarry, Montcets, Francheville, Recy, La Veuve, ont leurs territoires fortement attaqués ; l'Epine et Courtisols principalement sont flagellés par des pertes de plusieurs centaines de mille francs , nous savons qu'une partie de l'arrondissement de Reims a aussi à s'en plaindre beaucoup en supportant des préjudices considérables. En outre, il est de notoriété, que le campagnol qui se tient ordinairement éloigné des habitations, soit par instinct ou autrement, se rapproche des villages de plus en plus, qu'il se répand dans des localités où on ne l'a jamais vu et qu'il tend à se généraliser. Partout, autour et loin de nous, on le redoute ; partout, depuis quelques mois, on le voit apparaître, pulluler, menacer, compromettre les moissons, et arrêter le cultivateur dans ses espérances, et même dans ses travaux ; car dans cette situation, il n'ose confier à la terre les semences d'automne et nous en connaissons qui déjà y renoncent positivement.

Si on mesurait le tort causé cette année dans le département, on resterait effrayé du résultat qui se traduirait par plus d'un million, et peut-être même par deux, dans les seules et quelques localités citées plus haut ; que serait-ce, alors, si on prolongeait cette revue dans les autres communes des cinq arrondissements ?... Pour ne pas être alarmiste, nous ne voulons pas porter un chiffre qui, d'ailleurs, n'aurait d'autre valeur que celle d'une appréciation personnelle et isolée. Cependant nous croyons que ce n'est qu'en connaissant bien toute l'étendue du mal qu'il sera possible de faire comprendre l'importance de le conjurer partout, et en même temps, par des mesures obligatoires et par les moyens que l'expérience recommande.

Aussi, exprimons-nous le vœu qu'une enquête administrative, soit convenablement organisée pour ce sujet d'étude qui intéresse à un si haut degré l'agriculture de la Marne.

L'initiative prise par la commission départementale des grains, par la Société d'agriculture, par le Conseil d'arrondissement et par l'instruction préfectorale en date du 1er août courant, nous donnent la confiance que nous serons entendu et que l'œuvre sera conduite et soutenue jusqu'à ce que la sécurité soit rendue à nos cultures par la disparition du fléau.

Urgence de la destruction des souris ; enseignements tirés des anciens et des lois de la nature.

Si nous pouvons espérer en la Providence et sur les rigueurs de l'automne et de l'hiver pour nous délivrer de la moitié, des trois quarts, ou même des 19/20mes des souris, nous ne devons pas rester indifférents pour le reste réparti un peu partout, et qui, comme on le sait, par sa grande faculté fécondante, se multiplierait au centuple plusieurs fois et bien vite, comme toujours, à la faveur des premiers beaux jours.

C'est ainsi, d'ailleurs, que l'invasion actuelle s'est produite, et que depuis quinze à vingt ans le fléau est venu s'appesantir maintes fois sur les cultures de Courtisols, de l'Epine ; qu'il s'est abattu sur Châlons et Saint-Memmie, en 1860 et 1869, et que rarement on en est complètement exempt.

Comme on le voit, il vit avec nous, à l'état bénin ou malin et il prend acte de domicile à nos dépens.

Il faut donc absolument nous concerter et nous coaliser pour défendre nos droits contre ce petit mammifère qui nous est accessible, en le pourchassant en toute saison, mais principalement aussitôt les moissons, en automne, avant et au moment des semailles, en hiver, à la sortie de l'hiver, et au printemps : hors de là, les emblaves présentent un triple obstacle ; d'abord, parce qu'elles dissimulent les traces et les trous de souris, parce qu'on est exposé à les endommager en y allant souvent pour faire la chasse, et parce quelles offrent à satiété une pâture naturelle préférée et plus appétée que les appâts artificiels qui dès lors perdent de leur importance et de leur efficacité.

Mais avant de nous occuper des moyens déjà en partie connus et acquis à la pratique, dans l'espoir de trouver des enseignements utiles à notre cause, nous croyons opportun de jeter un coup-d'œil rapide sur le passé, en rappelant que de longue date et dès le siècle dernier, l'Alsace et la Lorraine connaissaient ce fléau où il existe à l'état endémique et contre lequel, chez nous du moins, chacun sévit à sa manière, sans mesure d'ensemble.

Les départements de la Charente-Inférieure, des Deux-Sèvres, de la Gironde, de Dyle, de Sambre-et-Meuse, du Loiret et du Bas-Rhin, subirent aussi dans ces temps-là, des ravages qui compromettaient, dit-on, jusqu'à des taillis entiers.

L'auteur de ces citations rapporte qu'Hérodote, Théophraste, Pline, Varon, etc., se sont beaucoup préoccupés de la multiplication des rats des champs et du désastre des récoltes qui ont forcé, dans plusieurs pays, les *habitants à s'expatrier* ; suivant Buffon, des commissaires de la Vendée ont remarqué que les rivières et canaux n'arrêtent pas les rongeurs dans leur marche émigrante, pour s'établir et former des colonies. En ce moment nous sommes en possession de maintes preuves qui affirment cette opinion.

Les Annales de l'agriculture française, où nous puisons ces renseignements, tomes IX,

X et XI, en l'an IX et en l'an X, dans plusieurs rapports remarquables, nous présentent le sombre tableau d'une grande calamité apportée par les campagnols dans le département de la Vendée, dans la plaine des marais desséchés, où cette plaie apparut pour la première fois à l'automne de l'an IX en faisant naître de vives inquiétudes sur la multiplication effrayante de ces petits animaux qui anéantissaient toutes les récoltes sur cette vaste contrée, et qu'alors, au moment où il fallut commencer les semailles d'automne, on ne pouvait sans imprudence, confier les semences à la terre; quelques fermiers hardis, néanmoins, hasardèrent quelques essais, mais ils eurent la douleur de voir dévorer le blé semé, avant que la végétation le fit sortir de terre.

Cet état de choses, si alarmant, donna lieu à de nombreuses plaintes adressées au préfet du département de la Vendée qui, pour s'en faire rendre un compte exact, et par son arrêté du 1er fructidor, chargea de ce soin une commission d'enquête, composée des citoyens Cavoleau, secrétaire général de la préfecture, Denfer-Duclousy, membre du conseil du troisième arrondissement, et Merson, contrôleur des contributions dans l'arrondissement de Fontenay.

Ces commissaires, qui accusent un grand scrupule pour l'accomplissement de leur mission, indiquent d'abord la marche et les procédés adoptés par eux pour étudier, pour évaluer le mal, sans s'écarter de la vérité, et pour en faire au préfet un rapport que nous trouvons très-intéressant, très-consciencieux et d'autant plus curieux qu'il dépeint une situation tout-à-fait analogue à celle qui nous affecte actuellement :

. . . .

« Nous n'espérions pas, disent-ils, retrouver sur le sol fécond que nous allions parcourir, les riches moissons qui, souvent, avoient fait l'objet de notre admiration ; mais nous étions loin de nous attendre au spectacle de désolation qui a affligé nos regards et contristé notre cœur dès les premiers pas que nous avons faits. Dans les terres les plus fertiles, dans les champs les plus garnis de blé, à peine apercevions-nous quelques épis percer à travers la camomille puante et la moutarde noire.

. . . .

« Des champs entiers et très-étendus ne contenoient pas un seul épi. Dans le petit nombre de ceux où la faux devoit passer, la récolte étoit commencée, et de loin en loin nous apercevions quelques gerbes étendues sur le chaume.

« En examinant attentivement le peu d'épaisseur du blé dont la tige étoit encore sur pied, le nombre de gerbes de celui qui avoit été scié, et la nudité de la plus grande partie des champs, il nous étoit facile de nous convaincre que les malheureux cultivateurs ne recueilleroient pas la semence qu'ils avoient confiée à la terre ; mais nous ne voulions pas nous borner à cet aperçu vague, et nous voulions vous rapporter des calculs aussi positifs qu'il étoit possible de les obtenir dans un moment où la récolte n'étoit pas encore terminée et où l'on ne pouvoit en calculer rigoureusement le produit.

. . . .
« C'est après avoir pris toutes les précautions
que nous avons dressé ce tableau, d'où il résulte que les cultivateurs n'ont recueilli à très-
peu près, que le tiers de leur semence de froment, et que leur récolte d'orge n'a pas rendu
deux pour un.

. . . .
« Il étoit difficile de croire le campagnol capable de faire un si grand mal ; mais il n'a pu
nous rester le moindre doute sur cette affli-
geante vérité, lorsque nous avons été sur le
théâtre où cette funeste race exerçoit ses ravages ; nous ne faisions pas un pas sans en ren-
contrer sous nos pieds ; de quelque côté que
nos yeux se tournassent, la terre en étoit cou-
verte ; cent fois nous les avons vus coupant la
tige du blé, divisant la paille en fragments de
la longueur d'un décimètre, traînant l'épi dans
les galeries souterraines qui leur servent de
retraite et de magasin. Rien n'échappe à leur
voracité.

. . . .
Après de longs détails sur ces recherches dans
quinze communes, les rapporteurs accusent
une perte de 1,584,018 fr. (1).

______

(1) A une époque plus rapprochée, l'auteur de l'article
Campagnol, du *Dictionnaire universel d'histoire naturelle*,
dit « avoir vu des provinces entière réduites à la misère
par cet ennemi si peu redoutable en apparence, et qui,
néanmoins, a causé pour *trois millions* de pertes en Vendée
en 1816 et 1817. »
« Les faits de ce genre, ajoute-il, sont loin d'être rares
et doivent engager les agriculteurs à prévenir le développement d'un pareil fléau ; ce qui est assez *facile à l'époque
des semailles.* »

« Le résultat, malheureusement trop probable, dit le rapport, est d'autant plus affigeant que, depuis plusieurs années, les récoltes ont été mauvaises, que les bestiaux se sont vendus à vil prix, et que, cependant, les dépenses de culture ont presque doublé. Tous les fermiers sont dans un état de consternation qui approche du désespoir. Il en est fort peu qui se trouvassent au pair, s'ils étoient forcés de présenter leur bilan. Presque tous doivent à leurs propriétaires des fermages arriérés et il n'en est pas un seul qui soit capable de payer le prix de ferme courant.

« Mais c'est surtout l'avenir qui est véritablement effrayant. Tous les fermiers sont épuisés par les avances infructueuses qu'ils font depuis plusieurs années. Celle qui est près de s'écouler met le comble à leur détresse, et il ne leur reste aucun moyen pour fournir aux frais de culture de l'année qui va commencer, S'ils pouvoient avoir l'espoir d'une récolte passable, peut-être le crédit suppléroit-il aux moyens qui leur manquent ; mais les animaux qui ont complété leur ruine se multiplient chaque jour, et la crainte de voir dévorer la semence aussitôt qu'elle sera confiée à la terre, ôte tout espoir d'une récolte pour l'an X.

« Jusqu'ici, nous n'avons parlé que des fermiers, mais le sort des propriétaires n'en est pas moins le même et aussi digne d'intérêt.

. . . .

« Vous partagerez, citoyen préfet, l'émotion que nous ressentons nous-mêmes, en vous présentant ce tableau déchirant et malheureusement trop fidèle de l'infortune de nos

concitoyens. Ils s'attendent que vous sollici-
terez auprès du gouvernement les secours que
leur situation rend indispensables. Leur espé-
rance ne sera point trompée, et le gouvernement lui-même sentira qu'il ne faut pas
abandonner au découragement une contrée
qui ne doit son existence et sa conservation
qu'aux efforts d'une industrie active et soutenue.

. . . .

« Si la justice et les principes d'une bonne
politique ne commandoient pas cette mesure
au gouvernement, il y seroit entraîné par les
sentiments d'humanité et de générosité qu'il
ne cesse de manifester depuis l'heureuse époque qui plaça dans ses mains les destinées de
la nation française.

« A Fontenay-le-Peuple, le 1er fructidor, an
IX de la République française. »

Le préfet de la Gironde, dans une lettre
qu'il écrit de Bordeaux au Ministre de l'intérieur, en date du 21 vendémiaire annonce
qu'un semblable ravage a lieu dans une partie
de son département.

. . . .

« En conséquence, un arrêté de ce préfet,
à la même date, ordonne que le conseil général de l'arrondissement de Blaye sera extraor-
dinairement convoqué par le sous-préfet, pour
cet objet, et notamment pour prendre con-
noissance des procédés indiqués par la société
des sciences belles lettres et arts de Bordeaux,
et par les citoyens Folardeau et Bergeron. »

A voir ces rapports, on croirait qu'ils ont été
faits pour décrire la situation actuelle de nos
désastres, tant il y a d'analogie.

3

Nous ferons remarquer, que les rendements étaient moitié moins il y a 70 ans, qu'aujourd'hui, et qu'une enquête révélerait chez nous des pertes bien plus considérables encore et plus compromettantes que dans ces temps éloignés.

A cette époque reculée, dans les départements du centre et surtout en Vendée, le fléau des souris apparaissait pour la première fois, et alors on se trouva surpris et au dépourvu.

C'est pour cela que des plaintes sans fin arrivèrent aux préfets, et au ministère qui s'en fit rendre un compte exact par des délégués spéciaux ; puis, connaissant le mal, qu'il fit rechercher les moyens de le combattre par une commission composée des CC. Richard, Fourcroy, Huzard et Teissier.

Le travail qui en résulta propose et recommande l'usage de différents piéges, — fumigations avec plantes énivrantes,—labours répétés, la tarrière du C. Thieffries pour pratiquer des trous profonds, les grains empoisonnés — le Garou, l'Euphorbe, l'Ellébore, la Coloquinte la noix vomique, enfin comme le plus actif des poisons, l'oxide blanc d'arsenic dont l'autorisation de l'employer fut demandée par le Préfet des Deux-Sèvres, le 11 frimaire an X.

Tous ces agents sont examinés au point de vue de leur emploi, de leurs effets, des précautions qu'ils exigent et de l'urgence de les employer en même temps sur toutes les terres envahies.

Enfin, ce travail fut présenté et soumis à l'Institut National de France, classe des sciences physiques.

Après l'approbation de cette docte assemblée, le Ministre de l'Intérieur fit rédiger une instruction qu'il adressa dans tous les départements qui avaient formulé les plaintes sur les campagnols.

« Cette instruction, lisons-nous, est simple
« et dégagée de toute discussion, comme les
« conseils et les principes qu'elle renferme
« sont tous pris dans ce rapport (celui présenté à l'Institut) ils ne sont pas renouvelés
« ici ».

Néanmoins, pour notre part, nous regrettons de ne pas retrouver ce document officiel.

En terminant cette revue rétrospective nous rappelerons que le C. Tellier, en l'an X, pro-
« mit une récompense de *un denier*. Cet
« appât arma bientôt les pauvres du canton
« et des procès-verbaux visés par l'auteur
« attestent que 53,114 têttes de mulots furent
« apportées et payées de suite ; ce qui coûta
« bon au C. Tellier seul. »

Les extraits tronqués que nous venons d'exposer incomplètement, prouvent que la question n'est pas nouvelle, comme on le croit généralement. Ils établissent officiellement la gravité du fléau dans certaines contrées de la France, et ils formulent en chiffres une partie des pertes considérables éprouvées autrefois. Nous y voyons la sollicitude des anciens agronomes et de l'administration supérieure, qui se révèle par des actes, par des enquêtes, par des rapports authentiques, par des consultations près des corps savants et compétents, et par des instructions populaires.

Ce qui nous frappe, c'est que depuis cette époque, nous soyions restés dans l'ignorance

de ces faits et du mal que peut causer, et que
cause, en effet, le campagnol si petit et si
faible en apparence : pour nous du moins, cela
tient, sans aucun doute, à notre grand défaut
de ne pas étudier et de ne pas tenir assez
compte des leçons et des enseignements de
nos pères ; ces notions connues atténueraient ce
proverbe que, « en agriculture surtout, on ne
vit pas assez longtemps pour connaître son
métier ; » car, autrement, depuis environ
vingt ans que nous subissons périodiquement
de si grands préjudices, nous nous serions
trouvés armés plus tôt, et en mesure de
lutter plus efficacement contre ce fléau qui
nous écrase plus que jamais.

Quoi qu'il en soit, le mal est fait.

Est-il possible de le conjurer ?

S'il est trop tard pour ceux qui sont ruinés
ou en grand malaise, on peut répondre affirmativement pour l'avenir ; mais il n'y a pas
un instant à perdre ; il faut songer aux moissons prochaines, et ne jamais oublier qu'un
campagnol femelle épargné donne dans sa
postérité des légions de descendants destructeurs que quelques auteurs évaluent au moins
à deux cents, et même à deux cent cinquante
par an, parce que ces rapaces insatiables, si
prolifiques, sont pubères dès l'âge de deux
mois.

Il semble, tout d'abord, dans l'état actuel si
désespérant, qu'il est impossible à l'homme
d'arriver à un résultat satisfaisant, et que
nous ne pouvons sortir de ce mauvais
passage qu'avec l'aide du Ciel qui, en effet,
vient souvent à notre secours ; mais l'exemple
du passé, les rejetons qui restent pour repeu-

pler, la misère, l'aridité, la désolation de nos champs et de nos granges, nos sinistres présages pour les années suivantes, etc. doivent nous faire prendre, à tous, la résolution de guerroyer sans cesse avec méthode et ensemble contre ce petit ennemi immonde, si rusé, qu'il nous défie à la faveur du nombre, de sa vertu prolifique, de son extrême agilité et de ses infinies et innombrables cachettes.

C'est ici, sans doute, où on nous attend avec nos plans d'attaque que nous allons exposer en présentant et en raisonnant l'application des moyens anciens et modernes, laissés, d'ailleurs, à l'appréciation et au choix de chacun; puis, enfin, en proposant des mesures d'ensemble, administratives et municipales.

Nous savons bien que nous rencontrerons des contradictions; tant mieux, espérant qu'il en surgira quelques stratagèmes nouveaux, meilleurs que les nôtres, de n'importe où, peut-être même des plus humbles toits, parce que c'est ici qu'on est aux prises avec la souris ruineuse et avec l'expérience.

Et d'abord, aidons-nous du ciel et des exemples que la Providence nous donne.

Sachons qu'après avoir fait pulluler les souris comme toutes les vermines, la nature, fidèle à ses vues d'équilibre, en opère l'anéantissement par *l'âge*, par *l'usure*, par les *maladies* par *la famine* et par leur *féroce instinct de s'entre-dévorer*.

Si les premières de ces causes de destruction ne sont ni accessibles, ni en notre pouvoir, nous croyons, néanmoins, qu'il nous est possible de tirer un grand parti des dernières, en combinant nos efforts avec ceux des éléments et de l'inclémence du temps, parce que la *famine*, en effet, est une grande cause de mortalité ainsi que les *coups*, l'*assommement*, l'*empoisonnement*, etc.

La souris, comme le mouton, mange beaucoup et presque sans discontinuer ; sa force digestive s'explique par la disposition organique de son estomac toujours plein, toujours digérant, et de ses intestins relativement courts (6 fois seulement la longueur du corps) et qui, par ces motifs ne peut supporter la privation sans s'affaiblir et sans compromettre notablement son existence qui n'échappe pas à cette grande loi, que la vie est d'autant plus fragile et plus courte, que le sujet est plus exigeant, plus prolifique, plus précoce pour se reproduire, et pour se développer.

En effet, le campagnol ne vit pas longtemps ; il a besoin d'un régime soutenu et très-confortant 1° pour les exigences d'un état de gestation et d'allaitement si épuisant, dans lequel les femelles se trouvent pendant sept à huit mois de l'année, 2° pour fournir les éléments réparateurs à son sang chaud, et à son système musculaire nécessairement très-développé pour ses courses, pour soutenir les combats qu'il livre, pour courir et chercher sa nourriture, pour grimper, pour fouir et creuser le sol, et se construire des labyrinthes, des repaires souterrains, des quartiers d'hiver, etc.

Comme preuves naturelles de ce que nous avançons, ne savons-nous pas que cette petite créature, dévore en quinze ou vingt jours un hectare représentant de soixante à cent douzaines de gerbes, ou quantité non moins grande de foin ou de racines ? ce qui serait

presqu'incompréhensible si on ne le voyait ;
qu'après ce pillage, c'est autour d'une
autre pièce et ainsi de suite, en émigrant
en masse pour chercher et fourrager plus
loin ; que quand ce désastre général est très-
avancé ou accompli, le campagnol, poussé
par la faim, se rejette sur les gazons des
termes, des fossés, des routes, des chemins, et
qu'on le voit se rapprocher des habitations,
se montrer sous nos pas, traverser les
grandes routes et même des lacs, des canaux,
et des rivières pour envahir d'autres contrées.

Cet animal, du même genre que le rat d'eau,
vient de nous donner une grande preuve de
son savoir-faire en natation : on sait qu'après
avoir épuisé les contrées hautes, il est des-
cendu en masse pour s'établir en colonie dans
les prairies basses de la Marne toujours riches
de végétation.

Surpris par les sources montantes de novembre et de décembre, les petits rats des champs
se retiraient d'abord sur des points plus élevés, bientôt entourés par le débordement
rapide ; ne pouvant plus fuir ni se creuser d'a-
bris, on les voyait, faisant le haut dos, s'agiter
et se grouper comme de petits troupeaux sur
ces petits ilots qui disparaissaient successivement sous les eaux ; puis, ils se jetaient réso-
lument à la nage dans la direction d'un autre
point culminant qui à son tour aussi allait être
submergé ; les pauvres naufragés dont le nombre augmentait, s'affaiblissant par la faim et
par le froid, tentaient de nouveau de sauver
leur vie en gagnant, les uns la terre ferme, les
autres la cime des buissons, des haies, des
fagots inondés, sur lesquels ils se tenaient

grippés et rapprochés comme des hannetons. Mais, débilités par la privation et par la fatigue, ils ne tardaient pas à tomber pour rester engloutis; d'autres, moins malheureux, parvenaient à atteindre et à se reconforter dans des meules de céréales baignant par le pied d'un mètre de hauteur, par suite aussi de la crûe subite de la Marne ; enfin, un certain nombre trouvaient la mort, chemin faisant, avant ou au moment de toucher au port.

Dans ces péripéties, on a remarqué que les mulots et les campagnols pouvaient tenir à la nage pendant un quart d'heure, et qu'ils se dirigeaient constamment vers les rivages, les lieux fermes, les corps solides, arbrisseaux, saules, branches, etc.

Voilà certainement un exemple de destruction complète des *rats*, des *courtes-queues*, et des *longues-queues* par les éléments naturels, dans une vallée de plusieurs lieues de long, sur deux kilomètres de large, ce dont on se féliciterait, si la cause n'était suivie d'autres désastres malheureux.

Mais, dans les plaines hautes et sèches, ces satanés rongeurs ne paraissent pas avoir beaucoup souffert des pluies exceptionnellement abondantes et continues de la fin de cette année, car, bien qu'avec moins de violence, on les voit encore gaspiller nos jeunes céréales d'automne et vivre à nos dépens.

C'est donc dans ces moments de grande débâcle, qui commencent vers la fin de septembre, que l'on voit les campagnols moins vifs, malingres, anémiques, et quelques-uns étendus sur le terrain, morts d'inamtion (1).

C'est en cette saison aussi qu'ils se tuent eux-mêmes, et qu'on en remarque de mutilés, en parties mangés par le cou, les épaules, le ventre, et parfois traînés jusqu'à l'entrée des galeries. Si la faim contribue au développement de cet instinct farouche assez rare en temps d'abondance, elle n'en est pas la seule et principale cause ; car nous avons tenu prisonnières, vingt et trente souris dans des tonneaux, comme des lapins, avec nourriture à discrétion, grains, épis, herbe, etc., et tous les matins nous en trouvions qui avaient perdu la vie dans le carnage et qui étaient plus ou moins consommées, sans doute pendant la nuit, parce que, durant le jour, elles se tenaient blotties et cachées sous le fourrage.

En rentrant les meules, on voit souvent entre les gerbes des centaines de souris ainsi étranglées et entamées depuis plus ou moins longtemps.

Ces exemples prouvent donc que la faim n'est pas l'unique mobile d'un tel massacre.

Toutefois, nous devons ajouter que la belette n'est pas étrangère à cette guerre à mort, parce qu'elle est quelquefois surprise à marauder entre les lits de gerbes.

Quoi qu'il en soit, dans certaines circons-

(1) Un fait important à noter actuellement (novembre), c'est que les campagnols revenus, qui vivent dans les seigles et les froments ensemencés, se montrent vifs et plus alertes ; il semble qu'ils se reconstituent en une jeune et forte ligue pour la campagne prochaine, et qui déjà attaque trop vigoureusement les nouvelles céréales.

tances, il est certain que les campagnols, les mulots et les rats se tuent et se mangent.

Est-ce le résultat d'une lutte entre les mâles? Cette supposition est d'autant moins probable que la fécondation est arrêtée ou suspendue à la fin de l'année.

Est-ce une loi de la nature, ou cette fatalité, hélas! qui nous rapproche des êtres féroces, et à laquelle nous n'échappons pas, puisque l'homme, avec la conscience de ses actes, se rend lui-même complice de la mort en attaquant ses semblables par la ruse, par la discorde, par la famine, par le fer et par le feu?

Les anciens, du reste, ont constaté ces combats de la vie pour la mort, et, à propos de rats, ils allaient jusqu'à conseiller d'en prendre deux, de les mettre en cabane jusqu'à ce que l'un soit tué par son compagnon, et ensuite, de lâcher le vainqueur, alors énivré de sang et dressé à la guerre, pour livrer bataille aux autres.

Comme nous l'avons déjà dit, pour arriver à nos fins, tenons compte de ce que nous observons et mettons à profit ces moyens que la nature nous révèle.

Des labours pour détruire les campagnols et les mulots.

Attaquer ces animaux avec la charrue est un moyen général pour ainsi dire héroïque, quand il est employé peu après les récoltes faites, et avant les émigrations, parce qu'on est sûr de les arrêter, de les surprendre et de les saisir avec leurs familles.

C'est, en un mot, à notre tour, faire invasion dans leurs tribus en y portant le trouble, le désordre, nos coups et en forçant ces menues peuplades à mourir ou à s'expatrier.

Il faut donc profiter de l'enlèvement des moissons, les plaines étant libres, pour traquer les souris dans leurs demeures, pour labourer, herser et recommencer autant qu'il le faut. Ces façons rationnelles, d'ailleurs, devraient être d'autant plus exigées et *rendues obligatoires*, que leur exécution précoce, ou même renouvelée, serait favorable aux intérêts du cultivateur qui n'éprouverait de cette bonne mesure qu'une gêne passagère, en lui donnant de l'avance sur ses travaux ultérieurs, et en lui assurant, en outre, la destruction des mauvaises herbes, notamment des chardons qui poussent à foison à la place de la céréale broutée et dont les grain s ailées, emportées par le vent, vont infester les terres de la contrée, après avoir épuisé celles où elles ont acquis leur développement et leur maturité.

Respect, bien entendu, pour les prairies placées hors la dent rongeuse, ou qui promettent encore sûrement, à condition, toutefois, de les protéger comme nous l'indiquerons; mais, point d'hésitation pour celles qui sont vermoulues et criblées de trous, ni pour les sainfoins d'un an ou deux, ni pour les trèfles, ni pour tous les terrains dépouillés, ni pour tous les chaumes sous lesquels se retirent et s'abritent les familles échappées à la mort pour y passer l'hiver.

« Les labours, disait la commission ministérielle du 1er ventôse an X, doivent être répétés pour détruire les habitations et profiter de leur désordre pour en tuer beaucoup. »

En outre, ils ont pour effet principal de tourmenter, de fatiguer et de harasser la souris, de bouleverser ses ouvrages de longue main, ses galeries, ses réserves de grains ou d'épis, de boucher les regards et les portes des chambres de retraite du sous-sol et de *l'affamer par la destruction successive des herbes.*

Ils sont si importants, que par leur application générale et obligatoire, on pourrait avant les mois d'octobre et de novembre, en avoir fini avec l'ennemi ravageur.

Mais pour cela, il faut se mettre à l'œuvre immédiatement, parce que, présentement, (août et septembre) la souris, ses nichées et ses magasins occupent encore les galeries superficielles que la charrue renverse en jetant les habitants dans la confusion; tandis que plus tard, par les froids, elle descend dans les étages inférieurs et profonds que le soc n'atteint pas, ou bien elle est désertée.

Tels sont les bons effets à obtenir des labours bien compris, bien entendus et bien ordonnés, et dont l'exécution, du reste, est commandée par la saine pratique du cultivateur intelligent.

Quant au parcours, les maîtres, et les bergers sauront bien faire manger les herbes avant de les laisser retourner ; qu'elles soient pendantes sur prairies, sur chaumes, ou sur des terres en culture ; on sait, d'ailleurs, que les labours favorisent une végétation profitable aux moutons dont la dépaissance et le piétinement viennent puissamment en aide au but que nous poursuivons ; au surplus, qui veut la fin veut les moyens.

Ainsi donc, en considérant l'étendue des désastres tels qu'ils sont en beaucoup de localités du département et les innombrables légions de campagnols, nous pensons que les procédés ordinaires sont très-insuffisants, et même que leur emploi général est impossible, par la raison que nous sommes débordés de tous les côtés par le fléau, et nous ne craignons pas de conclure que ce sont les labours intelligemment appliqués qui peuvent nous sauver ; ce qui n'exclut pas, bien entendu, les moyens secondaires dont nous nous occuperons.

L'importance et l'actualité du sujet nous font espérer la tolérance de ces détails que nous croyons utiles pour faire comprendre notre conviction.

Puisque nous parlons des bienfaits que nous devons attendre de la charrue, nous n'en échapperons pas les mancherons, sans recommander particulièrement une disposition que nous considérons comme indispensable pour tous les terrains qui ne doivent et qui ne peuvent être labourés, en tête desquels nous trouvons les prairies jugées encore bonnes et admises à être conservées.

Cette disposition consiste à ouvrir et à relever hardiment tout autour de la pièce, et dans sa longueur, de cinq mètres en cinq mètres, une raie bien évidée et bien unie, pour servir, au besoin, de petits sentiers destinés à surveiller le champ, sans causer de délits, et pour y porter et y déposer les appâts ou engins nécessaires ; car, sans cela, on sait quel gaspillage est produit dans les emblavures fortes. Ces petits passages seraient entretenus toute l'année pour y attirer, comme nous l'indiquerons, et pour y prendre les souris qui ont une prédilection particulière pour courir et jouer dans les raies séparatives ordinaires.

Nous demandons absolument la même préparation après les dernières façons de tous les ensemencements, pommes de terre, betteraves, orges, avoines, gravières, sarrasin, blés et seigles, à commencer par ces derniers surtout, qui par leur nature doivent rester plus longtemps en terre et qui sont toujours les premiers attaqués avant l'hiver.

On pourrait alors, sans inconvénient, ensemencer par bandes de cinq à sept mètres comme pour les billons, ou autrement, au choix du cultivateur.

En outre, pour le même usage et pour le même but, nous insisterons pour que la charrue ouvre des sillons profonds, parallèlement, en haut et en bas de chaque terme, le long des fossés, des chemins, des buissons, des haies, des bois, et qu'elle retourne tous les gazons qui ne sont pas indispensables, même ceux qui longent les chemins ruraux ; car nous savons tous, que c'est là, où le campagnol trouve ses plus sûrs retranchements contre tous leurs ennemis et les plus grands froids.

Tous ces labours, en général, surtout les derniers, à cause des plaques de gazons, doivent être renouvelés suivant les besoins de la cause.

Il ne faut pas reculer devant la crainte d'une

perte de terrain qui serait tout au plus de quatre à cinq ares par hectare, et d'autant plus insignifiante, que la végétation plus aérée se développe mieux. S'il y a lieu de se servir de ces précautions, elles seront cent fois compensées ; sinon, tant mieux, et quoi, d'ailleurs, de plus simple, de moins onéreux, de moins dangereux, de plus à la portée de tous et de plus efficace ?

Du balai.

La charrue déjà si bienfaisante et si utile, surtout pour rogner et pour couper les vivres aux campagnols, a encore l'avantage de mettre ceux-ci à découvert et sous notre main, principalement dans les défrichements de prairies, de gazons et dans les déchaumages ; c'est alors qu'il faut se servir d'un balai neuf pourvu d'un long manche, pour en donner par les deux bouts s'il y a urgence.

Actuellement, cette mesure excellente peut être rendue obligatoire par décision municipale, suivant les besoins, dans telle ou telle localité, elle est la première, que nous sachions, qui soit édictée sur la matière par arrêté de M. le préfet de la Marne, en date du premier août 1872. Nous savons que les sentiments qui ont inspiré cette mesure sont de nature à faire espérer d'autres dispositions complémentaires non moins précieuses, s'il y a lieu.

Pour se faire une idée de l'importance de ce moyen, voici, entr'autres exemples, ce que nous avons observé le dix-neuf août, en revenant de l'Epine à Châlons. Un laboureur, M. Al. M..... avec deux chevaux et une charrue double, renversait par un temps sec un trèfle d'un an dans une petite pièce de vingt-cinq ares où il avait encore récolté trente bottes de regain Armée de l'ustensile le plus vulgaire sa jeune femme, vive et alerte comme une fine chatte, le suivait à *cinq mètres*, pour guetter dans la raie ; plus près, elle risquait de ne pas voir la souris soulevée qui parfois se tient coite et blottie instinctivement sous la terre ameublie, jusqu'à ce que le bruit des chevaux et de la charrue soit éloigné, d'où il suit que la distance observée est convenable. Alors, au fur et à mesure que ces petites bêtes se dégagent, l'intelligente auxiliaire fait jouer le balai à droite et à gauche, soit en frappant directement, soit en lui imprimant le mouvement de la faulx ou du balayage pour rouler les fuyards, et les étourdir. Il peut arriver, et il arrive en effet, que quelques-uns s'échappent du côté de la bande labourée et qu'ils se fourrent et se cachent en glissant sous les mottes ; c'est alors que le balai est renversé et qu'avec le bout du manche on éparpille vivement la terre pour retrouver le petit gibier dissimulé. Une fourchette légère, à deux dents, en fer, fixée à l'outil, faciliterait singulièrement cette recherche qu'il faut faire d'autant plus prestement que la charrue marche toujours.

S'il n'est pas rare de ne voir qu'une ou deux souris à la fois, il est plus ordinaire de les remarquer par compagnie de trois à cinq, assez souvent même, on tombe sur des familles de cinq à dix de tout âge. C'est alors

que tout grouille et se débrouille dans les dé-
combres pour se sauver en tous sens, et que
le conducteur doit quitter les mancherons
pour venir avec sa palette à l'aide de sa com-
pagne, dont la dextérité, les pieds et le balai
ne suffisent plus. Après ce petit massacre, la
besogne continue et l'habileté vient avec la
pratique.

En moins d'une heure, nous avons vu ainsi
mettre à mort deux cents souris, dont cinq ou
six coupées par le soc ; cinq à six portées
de sept à neuf petits mises à jour ; huit à dix
magasins de un à deux litres de grains d'a-
voine provenant des champs riverains, et quatre
petits silos de têtes de trèfle.

Nous nous sommes assuré que dans ces
vingt-cinq ares, on a détruit cinq cents campagnols, parmi lesquels se trouvaient quelques
mulots beaucoup plus lestes et plus vifs ; soit
deux mille à l'hectare.

N'est-ce pas là une belle capture?

Combien seraient grands les services rendus
par cet exercice si élémentaire, s'il était bien
compris, bien ordonné et bien exécuté? Pourquoi donc ne pas y tenir la main en lieu et en
temps opportunément choisis ; c'est-à-dire immédiatement, ou peu après que le champ est
débarrassé, alors que campagnols et mulots
sont encore là, au foyer, en ménage, en pleine
régénération, et qu'ils sont retenus par l'abondance et par l'instinct qui les attache à leur
jeune progéniture?

Quoique terrestres, ces rongeurs aiment la
chaleur, le soleil, l'air pur et même une pluie
douce ; ainsi en mai, juin, juillet et août, ils
se tiennent préférablement dans la couche

arable ; pendant les moissons, on les voit fréquemment prendre domicile dessous, dans l'intérieur sur les rives et à la partie supérieure
des meulons de foin ou des dizaines de gerbes,
dans lesquels on découvre des nichées de sept
à douze petits de plusieurs âges, dont les uns
tout rouges et sans poil, et les autres tout
velus prêts à prendre leur sauvage liberté ;
leurs mères, alors, surprises dans leurs ten-
dres soins, cherchent à fuir, mais avec embar-
ras et une sorte d'indécision que le cœur
humain comprend. En même temps, d'autres
femelles, toujours dodues en cette saison, se
montrent moins lestes pour se sauver, alourdies
quelles sont, pour la plupart, par le fruit utérin
qu'elles portent, ou même par les douleurs
qui précèdent le moment de donner le jour à
une nouvelle famille de souriceaux.

Tous les sujets de cette exubérante reproduction, mis ainsi en émoi, en détresse, ou à
mort, ne laissent pas que d'impressionner ceux
qui sont témoins de ces petites scènes de carnage.

Enfin, la chasse au balai, pour n'être pas
toujours aussi fructueuse, n'en est pas moins
utile.

Seulement, elle pourrait et elle devrait ne
pas être exigible pour les pièces notoirement
reconnues exemptes de souris, ce qui, du
reste, serait laissé à l'appréciation d'agents
préposés, chargés de ce soin dans chaque localité, ainsi que cela a déjà été conseillé par
des instructions administratives.

Des chiens dressés.

Pour aider à cette extermination des campagnols, les laboureurs devraient élever et dresser à cet exercice des chiens de la petite race des ratiers et des louloups. Ces animaux fidèles, très-agiles, auraient bientôt compris leur rôle, et dès l'âge de trois ou quatre mois, ils seraient aptes à cette fonction qu'ils rempliraient en toutes circonstances et pendant toute l'année, en suivant les gens de la ferme et les chevaux aux champs.

Nous résumerons les chapitres qui précèdent en disant, qu'au moment, ou peu après l'enlèvement des récoltes, la charrue et le balai rationnellement employés sont pour nous le grand cheval de bataille pour mettre notre ennemi en déroute, en fuite et à mort.

Du piétinage, ou action de talonner, du hersage et du roulage pour obstruer les trous et les galeries des souris.

Souris qui n'a qu'un trou est à moitié prise. — C'est pour mettre à profit l'enseignement vrai qui découle de ce vieux proverbe, qu'il y a urgence de cerner et d'emprisonner la souris dans son logis, en en interceptant les passages,

les communications et les portes de sortie ; **car,**
pour employer utilement et sûrement les
moyens qui vont suivre, il faut que ceux-ci
soient, autant que possible, appliqués et dépo-
sés directement dans l'intérieur même, ou du
moins, non loin des orifices frayés qui an-
noncent que la souris y habite et qu'elle va
étendre ses ravages ; mais après un certain
laps de temps, si on n'a pas saisi et anéanti
les premières immigrations, plusieurs des
nombreuses ouvertures n'appartiennent qu'à
des trous borgnes, incomplets, abandonnés, ou
bien, elles correspondent à des coulisses bifur-
quées, tortueuses, ramifiées avec un ou plusieurs débouchés de sauvetage plus ou moins
dérobés, pour lesquels on perdrait son temps
et les ingrédients ; or, pour ne pas tomber
dans cet inconvénient et pour déjouer ces
détours et ces labyrinthes bâtis et creusés par
l'instinct conservateur, au préalable et la veille,
il est indispensable de les *boucher tous
indistinctement ;* parce que, le lendemain,
ceux qui se trouvent habités sont rouverts, et
alors, c'est sur ceux-ci seulement que sont
portés fructueusement tous les soins et tous les
moyens d'action qui arrêtent à coup sûr l'irra-
diation du fléau.

Après les labours, quand ils sont possibles,
nous considérons cette opération préliminaire
comme nécessaire et comme devant précéder
toutes les autres pratiques, parce qu'elle fait
bien connaître les places où il faut agir et les
gîtes du campagnol qui, ainsi traqué et acculé
dans des impasses, est rendu plus accessible
aux ruses et aux coups du chasseur.

Dans les débuts, rien de plus facile. Dans

le cas contraire, après quelque négli-
gence, rien de plus difficile. Entre les
deux, il faut choisir ; bonheur par le succès
à celui qui sera vigilant, et malheur par la
disette à celui qui restera indifférent.

Il est donc de toute nécessité d'effacer
d'abord toutes les traces frayées par les souris
qui apparaissent dans une pièce.

Pour y procéder, quand on s'y prend assez
tôt, il suffit d'une personne qui opère, chemin
faisant, en examinant bien la surface du sol
et en appuyant la plante du pied et surtout le talon sur tous les orifices, sur toutes
les coulisses, et même sur les passages appa-
rents de la taupe, qui servent de vestibules fré-
quentés et utilisés par les souris pour y faire
les débouchés de leurs demeures. Quand, au
contraire, la souris est déjà installée à l'état
de colonie, ce n'est plus une seule personne,
mais bien deux, trois ou quatre et plus qui
doivent marcher de front pour bien talonner
tous les regards dont le sol est transpercé. Si le
mal est encore plus grand, qu'il soit peu
apparent ou dissimulé par les feuilles,
qu'il s'agisse de prairies ou de céréales, on
devra recourir aux hersages et aux roulages
énergiques pour remplir le même office, si
toutefois ils ne sont pas contre-indiqués par
des motifs incontestables. Le Croskill, entre
la herse et le rouleau uni, produit aussi un
bon effet ; mais jamais ces gros instruments
n'ont autant d'effet utile que le talon de l'homme appliqué à temps.

Pour boucher les trous, on donne ordinairement un simple coup de talon, qui laisse encore beau jeu à la souris dans son intérieur.

On peut faire mieux en introduisant, à
l'entrée des terriers, l'extrémité effilée d'un
manche à balai de bois raide, en tàchant
d'en suivre la direction, ne serait-ce que sur
un trajet de quinze, trente ou quarante centimètres. Par ces mouvements, la terre se sou-
lève un peu; on la resserre aussitot avec le
pied, et même on la pique avec la pointe du
manche.

Un peu d'habitude dans le tact de la main
facilite cette petite manœuvre qui tourmente
la souris et qui donne chance de l'atteindre,
de la contusionner, de la comprimer entre
deux terres et de la mettre dans l'impossibilité
de se dégager, n ayant plus de vide autour
d'elle pour ses mouvements, ni pour la terre
de déblai qu'elle doit extraire en fouissant le
sol pour tenter de se pratiquer de nouvelles
issues.

Cette pratique peut paraître minuti euse;
nous affirmons qu'elle est bonne; employée par
des propriétaires intelligents, nous croyons
devoir la signaler pour ceux qui voudront y
recourir dans les jeunes semis.

Ces diverses opérations sont donc d'autant
plus praticables et plus efficaces que la végétation est moins avancée et que l'on s'y
prend plus tôt. Leur action réitérée, outre
le but qu'on se propose, a encore pour effet
de tourmenter les campagnols qui émigrent
chez les riverains. C'est ainsi qu'il n'est pas
rare de voir des récoltes bien soignées rester
presqu'intègres, et faire un contraste heureux
avec les voisines saccagées.

Enfin, c'est le lendemain qu'une nouvelle
visite doit être faite et que les piéges ou

les poisons sont portés vers les trous renouvelés. Le lendemain encore ceux-ci sont bouchés de nouveau, et c'est alors qu'il est possible d'apprécier la valeur des moyens destructeurs, mécaniques, vénéneux ou autres.

Par la gelée, on introduit à l'entrée des galeries quelque peu de terre, ou de petites pierres calcaires qui se transforment bientôt en un scellement solide.

Des pots.

Utilisés dans le siècle dernier par les jardiniers qui ont remarqué que le campagnol se laisse toujours tomber dans les trous sans chercher à les éviter, puis ensuite préconisés comme infaillibles et comme un moyen nouveau par la Société d'agriculture de la Rochelle, ces engins actuellement bien connus, consistent en des vases en terre, vernissés intérieurement, légèrement renflés vers le milieu, de quinze à vingt centimètres d'orifice et de dix-huit à vingt-cinq de profondeur.

Les cloches de jardinier renversées conviennent aussi, mais leur fragilité et leur prix ne permettent pas de les recommander.

Pour l'usage, après le piétinage fait la veille, on détermine le lieu où ils doivent être placés ; c'est-à-dire, au centre ou à proximité des endroits où la souris donne ; alors, avec quatre ou cinq coups de bêche ou de pioche, on fait une excavation pour les recevoir, de manière que les bords ne dépassent pas le niveau du sol ; puis, on en rapproche les terres en les nivelant et en les rendant bien unies.

Un demi-litre ou un litre d'eau, quelques épis de blé ou d'avoine tendus sur l'ouverture et maintenus sur les bords au moyen d'une petite motte de terre, ou fixés au bout d'une baguette fendue, fichée obliquement sur le côté pour que les épis soient comme suspendus au dessus et vers le centre du pôt, complètent ce petit piége ; souvent, au lieu de cet appât, on se borne, purement et simplement, à poser transversalement une bonne poignée de paille sous laquelle la souris trouve le précipice et la mort en venant y chercher un refuge ; cependant on remarque généralement que le résultat est le même avec les pots non couverts.

Quand les vases sont profonds et ventrus, on pourrait se dispenser d'y ajouter de l'eau, mais cette précaution est nécessaire pour ceux qui n'ont pas cette disposition, parce que la souris non submergée sait très-bien recouvrer sa liberté en grimpant ou en sautant, surtout le mulot qui jouit d'une énergique prestesse et d'une agilité inouïe.

Ce moyen employé utilement donne d'excellents résultats ; il est d'autant plus encourageant et préféré, qu'il donne la satisfaction de voir et de compter les victimes.

Souvent nous rencontrons des cultivateurs qui disent avoir pris vingt-cinq, cinquante ou soixante-quinze campagnols par jour et par pot convenablement posé ; d'autres qui comptent ces prises par milliers dans leur ensemble.

M. Eug. Gayot parle d'un propriétaire qui en a détruit ainsi neuf cent quatre-vingt, sur soixante ares de seigle ; nous pouvons affirmer que ces exemples sont communs, et que ceux qui les mettent en pratique s'en félicitent toujours par la moisson qui les récompense.

Ce procédé est d'un grand secours pour toutes les nouvelles semailles, en général, et dans la première période de la végétation ; plus tard, son emploi offre mille difficultés indiquées plus haut.

Il convient aussi très-bien dans toutes les cultures sarclées ; betteraves, pommes de terre, etc.

Toujours, et dans tous les cas, c'est au commencement des attaques qu'il faut y recourir ; car si une pièce est complétement envahie, les pots sont insuffisants et inutiles.

Avant tout, il ne faut donc pas se laisser surprendre par les débuts ni par l'agrandissement des ravages qui, du reste, ont toujours lieu insensiblement et par degré, c'est un mal que l'on voit naître, venir, et se développer petit à petit; on s'en aperçoit par des espèces de plaques rondes, comme tonsurées, petites et isolées d'abord, puis, qui s'étendent et se multiplient vite si on ne se met en devoir de les arrêter.

Remarquons en passant, que la céréale ainsi rongée, quoique jeune, ne se rattrape jamais, et que la place en est toujours comme flétrie par une très-chétive récolte et le plus souvent par des herbes adventices, des chardons, des camomilles, etc.

Ces dernières explications faites, nous n'y reviendrons pas pour les autres moyens auxquels elles s'appliquent.

Dans un article précédent, nous avons particulièrement recommandé de relever à la charrue autour de chaque parcelle cultivée, et ensuite, dans sa longueur, de cinq mètres en cinq mètres, une raie profonde, entretenue propre et nette. Hé bien, pour peu que les prairies et les céréales soient menacées, et à plus forte raison quand elles sont attaquées, c'est précisément dans ces raies qu'il faut placer et tendre des pots, dont l'orifice doit occuper au moins toute la largeur du fond, pour que les souris, en courant dans ces rayons aplanis, ne puissent passer librement sur les côtés.

Inutile de dire qu'à la faveur de ces étroits passages tracés par la charrue, on peut et on doit, au besoin, en placer aussi dans l'intérieur des emblavures, juste au ras du sol ; qu'ils doivent être distancés et proportionnés suivant le danger et l'étendue des attaques ; la souris, voyageuse de sa nature, s'y précipite en se promenant comme si elle était aveugle ; car en cela, son instinct semble vraiment lui faire défaut.

C'est pendant la nuit principalement, et surtout pendant les nuits chaudes ou de pluie douce que les souris se laissent tomber dans les pots qui, par conséquent, doivent être visités tous les matins ; soit pour les retirer noyées ou mortes, soit pour renouveler l'eau, soit pour régler les pots, les multiplier, les diminuer, ou pour les changer de place s'il y a lieu.

Il arrive souvent qu'on y trouve des crapauds, des grenouilles et même des belettes, qu'il faut s'empresser de remettre en liberté s'ils n'ont pas encore perdu la vie, parce qu'ils sont chargés, par la nature, du rôle important de l'élimination du superflu des insectes et des vers de terre.

Des pots pour la conservation des meules.

Les meules de céréales dont la conservation intéresse à un si haut degré peuvent également être garanties de l'approche des campagnols par la simple disposition qui suit, sanctionnée par l'expérience.

Un fossé de vingt-cinq à trente centimètres d'ouverture et de profondeur est pratiqué autour de chaque meule, à 50 centimètres du pied. Les talus sont taillés à pic ou verticalement, de manière à augmenter les difficultés de la souris qui voudrait y grimper, et dans le fonds, *toujours entretenu propre*, large seulement de vingt centimètres, on dispose de distance en distance, quelques pots du même diamètre, au moins, tendus comme il est dit plus haut. Forcés de passer par ce retranchement, les campagnols y trouvent la mort.

Cette disposition sert non seulement pour prendre les souris qui viennent du dehors, mais encore celles qui sortent par le bas pour roder pendant la nuit.

Il est à regretter que toutes les meules ne soient pas ainsi préservées aussitôt leur construction, car elles sont bien vite recherchées par ces animaux, véritables communeux, qui

en font leur proie et qui trouvent là un abri
sûr contre la chasse qui leur est faite, contre
le froid, contre la faim, parfois contre les
inondations, abri qui favorise et protége singulièrement leur fécondité.

Des pots pour la conservation des prairies, des récoltes sarclées, etc.

Les vases bien disposés et bien entretenus, à
dix, vingt ou trente mètres l'un de l'autre, suivant les besoins, au fond de petites rigoles
semblables à celles des meules, pratiquées
sans interruption autour des pièces enclavées
entre voisins non soigneux, ou à la proximité
d'une invasion de campagnols, constituent un
cordon de sùreté par excellence pour les prairies, ainsi que pour les céréales, les plantes
sarclées d'une certaine valeur, dans le voisinage et près des lieux d'origine et de refuge
des mulots et des campagnols, comme le long
des bois, des fossés, des gazons et des termes,
dont ils ne pourraient sortir sans se jeter et
sans tomber dans ces embuscades.

On fait bien de longues tranchées pour arrêter l'envahissement du chien-dent, des racines gourmandes des riverains forestiers.
Pourquoi, alors, ne pas se garer ainsi des rongeurs qui se meuvent et qui s'accaparent bien
autrement vite des propriétés d'autrui?

Nous n'ignorons pas que ce système de défense est très-onéreux, et peu ou point pratiquable en grand. Aussi, ne le considérons-nous ici, que comme moyen exceptionnel pour garantir des récoltes précieuses d'une grande valeur. Et d'ailleurs, n'est-il pas plus économique de savoir sacrifier cent cinquante ou deux cents francs pour en sauver mille, que de s'exposer à perdre tout, et même à se préparer des maux plus grands pour l'avenir?

En fermant cet article, nous exprimons le vœu que des recherches et des efforts soient tentés dans les usines pour obtenir une plus grande fabrication de pots de forme et de dimensions appropriées à cet usage et à un prix modéré ; car, dès aujourd'hui, le commerce local ne peut suffire aux besoins de la consommation qui devient de plus en plus prodigieuse.

A Châlons, par exemple, pendant le cours de cette année, on a vendu au moins *quarante mille pots*, au prix moyen de vingt-cinq à trente centimes. On se les disputait d'avance, et, au fur et à mesure de leur arrivée, on les prenait tels quels chez les marchands pour cinquante ou soixante centimes, même des pots à fleurs, et certes, on en a bien refusé encore *vingt mille*.

Aussitôt les premiers froids, il est prudent de vider ces vases et d'en éviter la casse par la gelée, soit en les retirant, soit en les couvrant de terre ou de fumier.

Il n'est pas inutile de noter que la malveillance se plaît trop souvent à déranger, remplir, briser ou voler ces engins, et qu'il incombe à la police locale de sévir rigoureusement contre ces infractions.

33,000 souris des champs capturées du 22 août au 3 novembre 1872, dont 29,423 comptées administrativement, prises avec des vases posés dans des tranchées, à l'Asile d'aliénés de Châlons-sur-Marne sur une pièce de terre de 86 ares.

Nous invoquons cet exemple frappant de ce que peut la volonté pour la destruction des campagnols, pour confirmer et pour ajouter à ce que nous avons dit au sujet des pots et des tranchées.

Ces documents authentiques que nous reproduisons tels qu'ils nous ont été donnés, nous les devons à l'extrême obligeance de M. le docteur Renault du Motey, directeur médecin-chef du vaste et très-important établissement de l'asile public d'aliénés de Châlons, qui, dans cette circonstance aura rendu service à l'agriculture, en mettant en évidence l'efficacité de l'un des moyens les plus héroïques, pour se protéger contre l'envahissement des petits rongeurs, et pourtant quelquefois critiqué comme insuffisant et comme douteux dans ses résultats pratiques.

Nous prions donc, M. le docteur Renault du Motey, de vouloir bien recevoir ici nos sincères remerciements que nous adressons aussi à son zélé comptable, M. Guillaume qui était spécialement chargé de surveiller l'entretien des tranchées, de la pose des pots, de la levée tous les matins des morts et des noyés et de dresser l'état que nous communiquons ci-après.

ASILE PUBLIC
D'ALIÉNÉS
de Châlons-s-Marne

Châlons, le 21 novembre 1872.

Mesures prises à l'asile contre l'invasion des campagnols.

Au milieu du mois d'août de cette année, (1) je m'aperçus que les campagnols menaçaient sérieusement les choux et la luzerne que nous avions sur le champ Valléry et que de plus ils pénétraient dans les jardins de l'asile à travers le mur de clôture dont ils détruisaient le mortier.

Le champ Valléry est d'une contenance de 86 ares, il est situé au nord, du côté de la campagne. Sa forme est celle d'un carré très-long. Il était planté moitié en luzerne, moitié en choux.

Ce champ fut entouré d'une tranchée de 40 centimètres de profondeur et de 25 centimètres de largeur. De plus une tranchée transversale fut pratiquée au milieu du champ et vint rejoindre par ses deux extrémités l'autre tranchée.

39 cloches et 22 pots furent placés au fond des tranchées. Ces vases étaient entretenus d'eau jusqu'au tiers inférieur environ de leur hauteur.

Le résultat fut immédiatement des plus satisfaisants, comme le prouve le tableau ci-après.

(1) Peu avant cette époque, les campagnols pullulant, étaient confinés dans la même plaine, mais à trois et quatre kilomètres au delà. — (*Note de M. Aumignon*).

En général, les campagnols ne se prenaient que la nuit. Les jours de pluie, il s'en prenait aussi un assez grand nombre dans le jour.

Les chiffres les plus élevés de la récolte de campagnols correspondent aux jours de grande pluie.

Je fus obligé d'établir un cimetière pour les campagnols. Je faisais couvrir de chaux chaque couche de petis cadavres, car la mauvaise odeur se faisait sentir et les mouches venaient en grand nombre s'établir sur le terrain.

J'ai fait peser plusieurs cents de campagnols, et j'ai pris la moyenne qui est d'un kilog, 740 grammes.

On trouvait, en outre, chaque jour, dans les pots un grand nombre de lézards et de crapauds que je faisais remettre en liberté.

Dans les jardins de l'intérieur de l'asile dont la contenance est de plus de deux hectares, les campagnols furent détruits de différentes manières ; en général, en versant de l'eau dans les trous ou en tuant simplement tous ceux qu'on rencontrait le soir ; mais, jamais aucun poison n'a été employé.

Les campagnols détruits ainsi n'ont pas été comptés, mais je ne puis estimer leur nombre à moins de 3 à 4 mille.

En tout, il a été tué au moins 33,000 campagnols, pesant ensemble près de 600 kilog.

Ces mesures ont sauvé la récolte du champ Valléry qui nous a donné le produit suivant évalué en argent :

Choux......	1.772 fr	30
Luzerne.....	148	50
	1.920	80

ETAT NUMÉRIQUE *des campagnols comptés jour par jour, pris avec des pots dans les 86 ares de terre que l'Asile d'aliénés de Châlons possède au nord, en dehors de son établissement.*

Nota. — Pour ceux qui aiment à observer et à méditer, nous joignons à ce tableau, en regard de chaque quantième, des observations météorologiques extraites de l'observatoire de l'École normale de Châlons, que nous devons à son distingué et savant directeur, M. Leloup. Peut-être trouvera-t-on dans ces données des corrélations et des inductions instructives. Toutefois, les observateurs sauront tenir compte des quantités épuisantes déjà détruites et de l'état avancé de la saison pour s'expliquer la diminution successive des captures. (Note de l'auteur.)

Quantièmes.	Nombre de Campagnols	Pression barométrique moyenne de la nuit (1).	Pression barométrique moyenne du jour (2).	Température moyenne de la nuit (1).	Température moyenne du jour (2).	État du ciel la nuit.	État du ciel le jour.	Pluie en millimètres.	Lune. Lever.	Lune. Coucher.	Observations.
1872.											
Août.											
22	870			Elevée.		Pur, chaud, sec.			9 h. 03 soir.	9 h. 18 matin.	
23	1.507			Douce.		Lourd, voilé, orage et pluie l'après-midi			9 33 —	10 35 —	
24	1.215			Douce.		Nuageux.			9 45 —	11 49 —	Notes de l'auteur.
25	1.098			Tempérée.		Pur.			10 11 —	1 01 soir.	
26	281			Douce.		Nuageux, pluvieux.			11 42 —	2 11 —	
27	1.073			Froide.		Gris, nuageux.			11 20 —	3 11 —	
28	1.181			Tempérée.		Demi-couvert.				4 11 —	
29	182			Idem.		Pur.			0 07 matin.	5 01 —	
30	271	52,3	»	10,9	»	Pur.	Pur.		1 02 —	5 38 —	
31	517	49,6	»	13,9	»	Id.	Couvert.	1/2	2 03 —	6 09 —	
Septemb											
1	392	53,3	55,7	12,4	16,3	Pur, nuageux.	Couvert.	10	3 08 —	6 35 —	
2	327	55,9	53,6	12,6	17,1	Pur.	Pur.		4 15 —	6 57 —	
3	908	51,4	50,1	16,7	22,4	Pur, nuageux.	Nuageux.		5 24 —	7 15 —	
4	1.061	»	»	Elevée.		Id.	Id.		6 33 —	7 31 —	Notes de l'auteur.
5	650	»	»	Très-élevée.		Lourd.	Lourd.		7 42 —	7 48 —	
6	1.540	»	52,7	»	19,0	Couvert.	Couvert.		8 52 —	8 00 —	
7	1.749	52,8	54,1	15,5	18,6	Id.	Pur, nuageux.		10 04 —	8 25 —	
8	637	55,7	55,6	15,4	18,1	Pur, nuageux.	Nuageux.		11 20 —	8 48 —	
9	408	54,4	54,5	14,7	17,3	Id.	Pur, nuageux.		0 37 soir.	9 18 —	
10	373	55,4	55,6	14,3	18,1	Nuageux.	Nuageux.		1 53 —	9 57 —	
11	202	55,2	58,8	13,8	18,4	Id.	Id.		3 04 —	10 49 —	
12	245	»	»	»	Elevée.	Pur.	Id.		4 06 —	11 56 —	
13	278	»	»	»	Élevée.	Id.	Pur.		4 35 —		
14	254	»	»	»	Tempérée	»	Voilé.		5 33 —	1 15 matin.	Notes de l'auteur.
15	299	»	»	»	Elevée.	»	Brumeux.		6 02 —	2 40 —	
16	600	»	53,1	»	18,5	»	Pur, nuageux.		6 25 —	4 06 —	
17	188	53,0	52,4	13,2	15,7	Nuageux.	Nuageux.		6 45 —	5 30 —	
18	109	50,4	49,1	11,6	18,2	Pur, nuageux.	Id.		7 05 —	6 51 —	
19	407	47,2	48,8	15,2	14,4	Nuageux.	Id.		7 25 —	8 10 —	
20	816	46,5	47,3	11,7	10,8	Id.	Couvert.		7 46 —	9 27 —	
21	548	48,7	50,3	8,1	11,0	Id.	Pur, nuageux.	5	8 10 —	10 43 —	Eclairs.
22	416	48,9	52,7	6,2	10,1	Couvert.	Nuageux.		8 31 —	11 56 —	
23	89	54,9	53,6	6,7	9,8	Pur.	Couvert.		9 15 —	1 05 soir.	
24	»	51,3	46,0	6,7	11,8	Nuageux.	Id.		9 50 —	2 05 —	
25	1.502	45,3	49,4	7,2	11,0	Couvert.	Id.		10 51 —	2 55 —	
26	300	52,1	52,0	6,2	11,3	Id.	Id.		11 50 —	3 38 —	
27	189	58,5	59,6	8,8	12,7	Id.	Id.			4 12 —	
28	660	57,3	54,0	10,1	11,3	Id.	Id.		0 55 matin.	4 39 —	
29	847	53,9	52,9	11,7	11,4	Très-nuageux.	Nuageux.		2 03 —	5 01 —	
30	247	58,8	51,8	10,3	13,1	Id.	Id.	12	3 11 —	5 20 —	
Octobre.											
1	111	54,7	53,5	8,1	12,1	Couvert.	Très-nuageux.		4 20 —	5 38 —	
2	490	45,9	47,4	9,7	11,2	Nuageux.	Couvert.		5 30 —	5 55 —	
3	743	45,2	46,4	8,3	10,5	Couvert.	Nuageux.	2	6 41 —	6 12 —	
4	337	48,8	53,1	8,4	8,7	Nuageux.	Couvert.	2	7 54 —	6 30 —	
5	181	51,9	57,2	6,8	9,4	Très-nuageux.	Couvert.	5	9 00 —	6 42 —	
6	94	59,2	60,3	5,2	9,7	Pur.	Pur, nuageux.		10 26 —	7 19 —	
7	56	61,8	60,2	7,5	9,1	Nuageux.	Couvert.		10 44 —	7 55 —	
8	122	57,6	55,6	10,3	13,1	Couvert.	Très-nuageux.		0 58 soir.	8 42 —	
9	132	54,6	51,5	11,5	12,4	Id.	Couvert.		2 02 —	9 11 —	
10	296	48,9	49,6	10,2	11,1	Très-nuageux.	Pur.		2 54 —	10 57 —	
11	331	46,6	45,9	10,0	10,1	Pur, nuageux.	Couvert.		3 33 —		
12	114	46,6	49,1	6,0	7,6	Id.	Pur, nuageux.	3 1/4	4 03 —	0 17 matin.	
13	»	51,6	52,7	4,6	7,4	Pur.	Nuageux.		4 27 —	1 41 —	
14	86	52,9	51,8	6,7	9,3	Couvert.	Couvert.		4 48 —	3 04 —	
15	»	48,3	49,1	6,8	7,3	Id.	Id.	21	5 05 —	4 25 —	
16	172	48,0	43,5	5,2	7,5	Pur, nuageux.	Très-nuageux.	6 1/2	5 26 —	5 45 —	
17	»	43,9	51,0	9,3	11,1	Id.	Couvert.	4	5 46 —	6 05 —	
18	369	45,5	47,1	11,3	13,8	Couvert.	Id.	4 1/2	6 08 —	8 20 —	
19	230	49,9	47,3	10,0	12,5	Id.	Id.	10	6 35 —	9 35 —	
20	80	45,2	45,6	12,1	16,1	Id.	Id.	1	7 03 —	10 47 —	
21	162	46,0	44,6	11,4	12,1	Id.	Nuageux.	5	7 38 —	11 31 —	
22	98	44,0	45,2	10,8	12,2	Pur, nuageux.	Pur.		8 19 —	0 30 soir.	
23	88	45,0	47,8	10,6	11,2	Couvert.	Couvert.	10	9 37 —	1 56 —	
24	38	47,8	43,5	8,3	11,5	Nuageux.	Id.		10 40 —	3 13 —	
25	78	42,2	42,2	11,0	11,5	Couvert.	Pur, nuageux.		11 47 —	3 55 —	
26	38	43,2	45,0	8,5	10,6	Nuageux.	Couvert.			3 05 —	
27	119	43,2	49,5	8,6	11,2	Couvert.	Pur, nuageux.	2	0 55 matin.	3 46 —	
28	54	45,6	44,5	13,3	13,5	Id.	Couvert.	11 1/2	2 03 —	3 41 —	
29	60	53,1	59,2	9,8	10,7	Id.	Id.		3 12 —	4 01 —	
30	22	58,8	55,0	10,2	11,7	Id.	Id.		4 23 —	4 17 —	
31	163	52,3	52,1	12,6	12,0	Id.	Id.	7 3/4	5 38 —	4 34 —	
Novemb											
1	62	52,6	51,6	13,1	12,4	Couvert.	Couvert.		6 52 —	1 54 —	
*2	5	49,3	46,6	10,3	12,1	Pur.	Très-nuageux.		8 10 —	5 20 —	
3	23	46,9	52,8	10,0	9,5	Couvert.	Id.	2 1/4	9 50 —	5 44 —	
	29.423										

(1) **Cette moyenne résulte** des notes prises la veille à 9 heures du soir, et le jour indiqué, à 6 heures du matin.

(2) **Cette moyenne résulte** de six observations recueillies à 6 heures du matin, à 9 heures, à midi, à 3 heures, à 6 heures et à 9 heures du soir.

Les tranchées ont aussi protégé les jardins, en empêchant les campagnols d'y pénétrer par le mur du Nord.

Ceux qui s'y sont introduits par les autres côtés de l'enceinte ont été relativement peu nombreux et ont pu être détruits en grande partie.

Malheureusement, pour obtenir ce résultat, il nous a fallu continuellement réparer les dégâts que la malveillance nous causait. On nous a cassé un grand nombre de cloches et de pots et on remplisssait nos tranchées de terre et de pierre. »

Pour l'intelligence et pour l'explication d'une si grande destruction en un point donné, ayant vu les travaux et le champ en question, nous ferons remarquer que celui-ci est borné à ses extrémités, à l'est par le chemin de Châlons à Dampierre-au-Temple et à l'ouest par la route de Reims, que ces deux voies. en se prolongeant vers le nord, s'écartent en formant un grand V tronqué et borné au sud par la dite pièce et par le mur de l'asile, long de *trois cent neuf mètres* ; que cette disposition géométrique embrasse ainsi par l'angle quelle forme, une grande plaine fertile, bien cultivée, d'où il résulte, que les campagnols concentrés et colonisés, d'abord à trois et quatre kilomètres au delà, émigrant et se rapprochant au fur et à mesure de l'anéantissement des récoltes, sont venus se jeter eux-mêmes dans l'abîme préparé pour les y arrêter et pour leur mort.

La conclusion de ces faits, c'est qu'avec des rigoles ou tranchées et des pots intelli-

gemment disposés et surveillés, on peut préserver sûrement des propriétés enclavées, des récoltes, même des contrées, etc., et qu'en outre,
il faudrait, ce que la grande majorité réclame,
assurer l'application générale de ces moyens
et une surveillance sévère par les autorités
locales, par les gardes champêtres titulaires
ou par des auxiliaires vigilants.

Des noyades.

D'après ce que nous avons dit de l'action
de piétiner et du but obtenu par cette pratique, il est facile de comprendre que de l'eau
versée dans des galeries habitées y portera l'a-
lerte, la confusion et souvent l'asphyxie ;
parfois, dans ce cas, la souris, ou des familles entières de souris, se sauvent par l'ouverture même qui reçoit le liquide, ou par
d'autres échappées au piétinage ; alors, les
fuyards mouillés, engourdis et lourds, sont
faciles à saisir. Chaque fois, après l'injection, on
talonne l'entrée et toutes les issues visibles
de la coulisse pour passer à d'autres, et
certes, si elles sont encore occupées, et si on
les a noyées suffisamment, les petits habitants et leurs nichées principalement sont
empêtrés, embourbés ; ils se débattent sans
pouvoir se dégager ni échapper à la mort, ce
dont on peut s'assurer, si l'on veut, en pio-
chant jusqu'au fond des cavités où on les voit
agonisants.
Cette guerre avec de l'eau donne de très-

bons résultats qui se constatent par l'évidence et par le nombre des victimes.

Pour employer ce procédé d'une action si directe, après avoir talonné la veille, on se transporte sur place avec une voiture, quelques tonneaux d'eau, un arrosoir de jardinier ou un sceau et un grand pot à goulot dont l'usage doit être compris sans qu'il soit besoin de l'indiquer ici.

Des cultivateurs soigneux usent largement de ce moyen qu'ils apprécient favorablement, et nous en connaissons qui montent et établissent des véhicules commodes pour ce service. S'il donne de la peine, on ne peut l'éviter, parce qu'il en est de même avec la plupart des autres systèmes qui sont plus ou moins méticuleux.

En temps de petites gelées, alors que l'eau agitée par le transport ne se prend pas encore en glace, surtout si les tonneaux sont entourés de paille, les irrigations ont le double effet de couler plus directement dans les rigoles souterraines sans se perdre, et de donner chance d'une congélation qui les bouche hermétiquement en rendant la souris prisonnière.

Ce résultat, si important, serait d'autant mieux assuré que toutes les ouvertures reconnues seraient également fermées par de petits cailloux ou avec de petites mottes de terres que la gelée rendra inattaquables.

Partant toujours du principe de l'opportunité, qu'on ne peut trop répéter, nous dirons que les noyades sont possibles et efficaces quand le campagnol commence à arriver et que plus tard, lorsque la récolte est trop grande ou que la pièce de terre est trop enva-

hie et transformée, en une sorte de crible,
nous reconnaissons, qu'elles ne sont plus praticables avec succès.

Du fumoir ou fusil à Gaz.

Cette petite machine à combustion, aussi
pratique et moins onéreuse que les submersions, produit un effet à peu près analogue,
en ce sens que, comme l'eau, les gaz as-
phyxiants vont trouver et surprendre les petites
farouches et leurs familles dans tous les re-
coins de leurs terriers.

Annoncé sous ce premier nom en 1772, et
faisant grand bruit « dans les papiers publics »
comme moyen *infaillible* pour détruire les
souris, le fumoir fut longtemps méconnu dans
nos contrées. Vers 1858 ou 1859, un industriel
de la commune de l'Epine, aussi intelligent que
dévoué, prétendit l'avoir inventé, en lui donnant le nom de soufflet ou de fusil à gaz, lorsque bientôt après, dans un article de date an-
térieure du journal le *Cultivateur de la Cham-
pagne* on en reconnut la description que
nous avons aussi retrouvée, en effet, dans
l'abbé Rozier, et que M. Eugène Gayot, plusieurs fois cité, a reproduite, en 1861, en y
ajoutant des modifications.

Quoi qu'il en soit, le dernier inventeur pré-
tendu, dont nous ne nions pas le génie, ni l'i-
nitiative personnelle, a beaucoup contribué à

faire revivre cet instrument en le faisant connaître et en le répandant. Il en a même saisi le comice agricole de Châlons qui a provoqué et fait suivre, à ce sujet, des expériences intéressantes auxquelles nous avons pris part. Ce promoteur zélé et patient, confiant dans son œuvre, a quelquefois entrepris l'extermination des souris, à tant par hectare, en traitant, à forfait, de gré à gré, avec des propriétaires, qui s'en sont bien trouvés. Enfin nous savons que des cultivateurs ont fait l'acquisition de l'appareil et nous avons été témoin nous-même de son emploi facile et efficace.

C'est par ces motifs et surtout par le parti avantageux qu'il est possible d'en tirer dans les circonstances où nous nous trouvons, que nous croyons devoir en donner ici une nouvelle étude faite sur un modèle que nous possédons depuis 1858 ou 1860, afin d'en faciliter la reproduction pour les intéressés, en s'adressant à un ferblantier ou à un chaudronnier qui, dès lors, pourrait se livrer à cette fabrication *grosso modo*, moyennant le prix approximatif de cinq à six francs, le soufflet compris. Ce modèle, d'ailleurs, diffère très-peu de celui décrit par M. E. Gayot dans son ouvrage déjà cité.

Il consiste en un corps de cylindre en tôle mince, long de trente deux à trente-cinq centimètres sur huit de diamètre; de plus grandes dimensions pouvant le rendre plus lourd et moins maniable.

L'extremité inférieure se termine par un tube allongé de *quinze centimètres*, dont le bout, du diamètre de *douze millimètres*, est destiné à être apposé ou introduit à l'entrée des couloirs.

En dedans et à la naissance de ce tube, se trouve une petite cloison percée de plusieurs trous de *six* à *huit millimètres*, pour retenir les matières combustibles ou en combustion, et pour laisser passer les vapeurs et les gaz sulfureux.

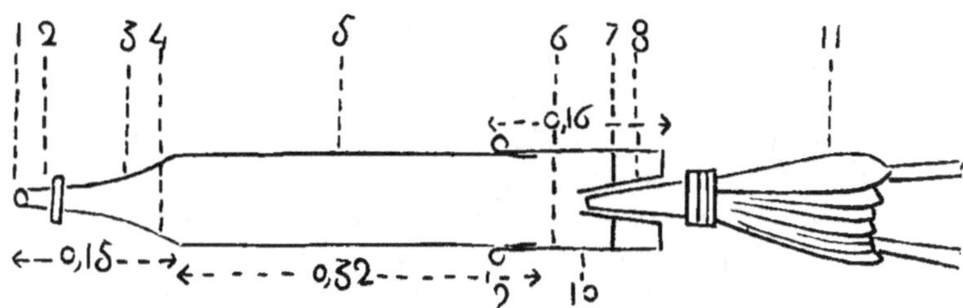

1. Orifice de 10 à 12 millimètres.
2. Liége ou rondelle en gros cuir épais, mobile, 4 cent. de diamètre.
3. Canon ou tube du fumoir long de 15 cent.
4. Cloison fixée à l'entrée du tube, percée de trous de 6 à 8 millimètres.
5. Corps du fumoir long de 32 cent., sur 8 cent., de diamètre.
6. Cloison percée de trous fixée à 5 ou 6 centimètres des bords du couvercle.
7. Cloison percée au milieu pour recevoir et fixer la douille du couvercle.
8. Douille conique du couvercle pour recevoir la tuyère du soufflet.
9. Petit rebord ou boudin pour faciliter l'introduction de l'emmenchure.
10. Couvercle long de 16 centimètres présentant une emmenchure de 5 à 6 cent.
11. Soufflet.

L'extrémité supérieure porte un couvercle long de *seize centimètres*, à fond plat, au centre duquel est ajustée et brasée une douille rentrante de *sept* à *huit centimètres*, de forme conique, propre à recevoir la tuyère d'un bon soufflet de cuisine du prix de un franc vingt centimes à un franc cinquante centimes, et consolidée intérieurement par un disque transversal perforé pour recevoir la douille et empêcher son élochement.

Une dernière séparation, également pourvue de trous multiples, est fixée dans cette même pièce à *six centimètres* de son bord libre, dans le but d'y ménager un vide pour recevoir le vent du soufflet, et pour empêcher celui-ci de porter sur les chiffons.

Ce couvercle ainsi disposé, doit s'emmancher de quatre à six centimètres aussi exactement que possible sur la partie supérieure du tube.

On complète cet appareil par une sorte de bourrelet rond, de *trois à quatre centimètres de diamètre*, soit en bois, soit en gros liége, soit simplement une rondelle en fer, ou mieux encore en gros cuir épais, percé au milieu, de manière à pouvoir être posé à la main, en le forçant un peu, à deux ou trois centimètres au-dessus de l'orifice inférieur.

Ce petit accessoire, susceptible d'être mis et retiré à volonté, a pour but : 1º de limiter, sans tâtonnement, l'introduction du tube pour les insufflations. 2º De faire l'office d'un tampon pour boucher le trou sur lequel on opère, pour y retenir les gaz et pour les pousser ainsi plus en avant. 3º De se soulager en faisant prendre à la machine un léger point d'appui. 4º De s'exposer beaucoup moins à voir l'orifice d'échappement s'obstruer par de la terre.

Pour charger le fumoir, après l'avoir débarrassé du bourrelet, du soufflet, des corps et des débris de la combustion qu'il peut contenir, on le pose par son tube dans la douille du couvercle qui est à terre sur une place ferme et unie.

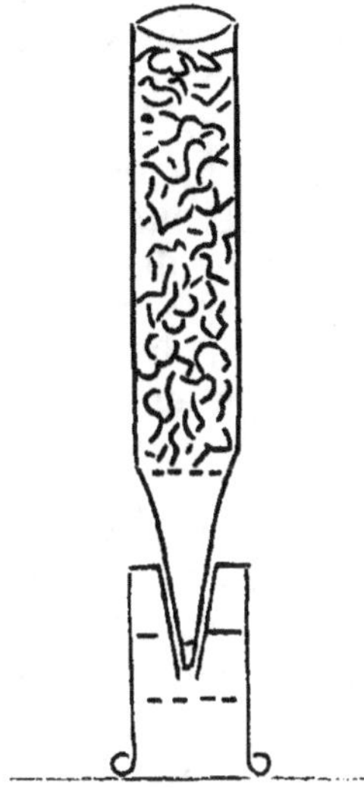

Fumoir chargé jusqu'à 2 centimètres de son orifice, disposé verticalement par son canon introduit dans la douille du couvercle.

Ainsi disposé verticalement, on y introduit successivement des chiffons de laine coupés en lanières plus ou moins étroites, parmi lesquelles on a le soin de saupoudrer et d'entremêler de la fleur de soufre, et, si l'on veut, quelques rognures de mèches soufrées. Il est très-important de calculer le tassement de ces

matières, et de le modérer convenablement;
car trop ou trop peu serrées elles présente-
raient, pour l'entretien de la combustion, des
inconvénients que l'expérience apprend à éviter.

Au lieu de laine, on peut employer des dé-
coupures de toile, de cordes goudronnées dé-
tordues, d'étoupes, de crins, de vieux papiers
cartons, etc.

Lorsqu'il s'agit d'allumer, l'instrument étant
toujours maintenu debout, on pose sur les chiffons un petit morceau de mèche soufrée allu-
mée, ou quelques très-petites brindilles de
bois sec mises en feu avec une allumette et
alors on excite légèrement avec le soufflet
tenu des deux mains.

Nous insistons sur ces petits détails de pratique dont l'inobservation donne lieu, parfois, à
quelques ennuis entre les mains inexpérimen-
tées.

Quand la combustion est bien assurée et assez activée, on replace le bourrelet et le couvercle sur le fumoir et on réintroduit vite le
soufflet dans la douille en le forçant un peu.
Alors on voit sortir une fumée blanchâtre,
épaisse, sulfureuse qu'il *faut bien se garder
de respirer*, et la buse de l'appareil porté et
maintenu seulement par les deux manches du
soufflet, est appliquée successivement sur
les trous rouverts qui avaient été piétinés la
veille. Par le jeu varié et ordinairement
très-modéré du soufflet, les vapeurs as-
phyxiantes sont poussées dans les galeries et
toutes leurs ramifications, et certes, s'il s'y
trouve des campagnols, ou des mulots, et surtout des familles de petits encore à la mamelle,

malheur à eux tous; car ce gaz, éminemment mortel, a une action toxique et brûlante d'autant plus prompte, que la respiration de ces petits êtres, pour peu qu'ils soient agités et même à l'état normal, s'effectue de deux cents à deux cent cinquante fois au moins par minute, ce qui explique la soudaineté de leur empoisonnement par ce fluide si délétère, ainsi que l'a constaté aussi le dernier auteur cité. On peut d'ailleurs s'assurer de ce résultat en fouillant le terrain, alors on voit des souris expirantes et d'autres prises d'une suffocation que le grand air ne peut plus faire cesser.

On se rend compte encore de ce phénomène en plaçant une ou plusieurs souris vivantes dans un pot fermé pendant huit ou dix secondes et dans lequel on fait brûler un morceau de mèche soufrée ; les victimes ne tardent pas à cesser de vivre.

En poussant les insufflations souterraines, on voit souvent des vapeurs blanchâtres sortir à travers les interstices de la terre et par d'autres issues cachées diversement espacées, par lesquelles des souris prennent la fuite ; mais, dans un état tel de malaise, qu'il est facile de les joindre pour les écraser. Au fur et à mesure de ces évasions, un auxiliaire va talonner les issues ; l'opérateur lui-même en retirant le fumoir resserre fortement du pied l'orifice qu'il vient d'enfumer pour passer à d'autres ; les souris ainsi emprisonnées dans une atmosphère suffocante ne peuvent survivre. Une ou deux minutes suffisent chaque fois.

Si au lendemain on aperçoit quelques fenêtres nouvelles, c'est que certains de ces petits rats des champs, en sentant les premières odeurs sulfureuses, auront eu la ruse de se soustraire au danger en fourrant leur museau dans la terre du fond de quelque diverticulum, et peut-être même jusque près la surface du sol pour aspirer l'air du dehors. Dans ce cas, on recommence comme la veille.

Ce mode de destruction bien dirigé donne des résultats les plus satisfaisants ; il est à la portée de tout le monde, applicable dans les gazons, les termes, les haies, les talus de fossés, dans les récoltes qui couvrent déjà le sol, etc.

Un grand avantage qui lui est particulier, c'est de pouvoir être mis en action encore plus fructueusement par toutes les gelées, quand il n'y a pas de neige, et alors qu'on ne peut se servir de l'eau ; les galeries consolidées et durcies par la congélation favorisent l'introduction des gaz.

Pour l'usage, on doit se munir d'une petite tige de gros fil de fer, attachée à une ficelle. pour servir à déboucher l'orifice du canon qui a l'inconvénient de s'obstruer de terre lorsqu'on l'introduit sans précaution dans les trous.

On doit se pourvoir encore d'un petit sac contenant un approvisionnement des diverses matières combustibles indiquées plus haut, de fleur de soufre, de mèches soufrées et d'allumettes pour renouveler la charge du fumoir qui ne peut guère fonctionner plus de deux heures chaque fois.

On se sert aussi du même mode d'opérer pour enfumer et étouffer les rats, les blaireaux, les renards, etc., en évitant, bien entendu, le voisinage des matières combustibles soit dans les granges, soit dans les greniers.

Mais, comme tant d'autres, il n'est plus praticable quand on se laisse déborder par les progrès du fléau ; ce qui implique, comme toujours, la nécessité de veiller et d'en saisir les débuts.

Des mèches soufrées.

Pour quarante centimes, on se procure chez un marchand épicier un paquet de dix mèches soufrées dont se servent les tonneliers pour le méchage et l'assainissement des fûts ; chacune d'elles coupée en deux dans sa longueur, et en trois transversalement, donne six morceaux.

Pour l'usage, le lendemain du piétinage, muni d'une lanterne, pour pouvoir opérer par le vent, et d'un nombre suffisant de petits brins de vorde ou d'osier, longs de dix centimètres, fendus à une extrémité, on se transporte sur place, on cherche les galeries habitées et on y introduit adroitement, et tout allumé à l'aide de la lanterne, un petit bout de mèche préalablement fixé comme par une pince à l'un des brins d'osier dont on est pourvu, puis on pose sur l'orifice une petite pierre ou une motte de terre pour retenir une partie du gaz. La combustion qui s'entretient tant qu'elle trouve de l'oxigène à brûler, donne des produits vaporeux et sulfureux qui se répandent lentement dans les sinuosités souterraines, mais jamais aussi complètement et aussi loin qu'avec le fusil à gaz.

En 1790, Hell qui décrit ce procédé, affirme s'en être bien trouvé contre des désastres qui n'étaient pas moindres que ceux que nous éprouvons. Il fabriquait lui-même les mèches économiquement, en les coupant de dix à quinze millimètres de large dans de la lisière de laine, ou dans du vieux drap, et en les faisant tremper et glisser lentement dans une assiette vernissée contenant du soufre fondu sur des cendres chaudes, comme quand on soufre des allumettes.

L'action toxique de ce moyen est analogue à celle des produits gazeux du fumoir, seulement, d'après notre expérience, nous trouvons que la mèche s'éteint trop tôt, et que l'acide sulfureux libre ne pénètre pas assez loin.

Mais, s'il est vrai et incontestable que la souris déserte son habitation menacée ou insalubre, c'est à raison de ce fait, qui a son importance, que nous présentons ce moyen simple, avec sa réputation ancienne, et parce que, vulgarisé, nous le croyons susceptible de perfectionnement.

Des substances vénéneuses.

La charrue suivie ou non du balai, les chiens dressés, le piétinage, les noyades ou submersions, le fumoir ou fusil à gaz, les vases avec ou sans eau, les raies préparées en prévision des besoins, les tranchées, etc., employés opportunément et convenablement, donnent des résultats positifs, certains, incontestables.

Partout, on a sous la main ces moyens rationnels, et certes, répétons-le, par leur combinaison basée sur ce que nous avons vu, ils pourraient *suffire pour en finir avec le fléau ;* d'autant plus que leur emploi peut être confié a toutes les mains sans aucun danger.

En est-il de même pour la série des substances vénéneuses préconisées par les auteurs, par des pharmaciens et par la pratique ?

La réponse négative n'est pas douteuse.

Mais, est-ce à dire qu'on doive y renoncer d'une manière absolue ? Non encore ; car ces matières, à leur tour, nous viennent en aide dans l'œuvre qui nous occupe.

Aussi, quoique connues, croyons-nous devoir nous y arrêter pour examiner au moins le mode d'emploi de quelques-unes pour guider ceux qui n'en ont pas l'habitude ; nos conseils, d'ailleurs, ne s'adressant pas aux personnes expérimentées.

Pâte phosphorée.

Après les diverses ressources qui précèdent, viennent les appâts empoisonnés, en tête desquels se trouve la pâte phosphorée, dont le nom indique la nature et la composition.

Cette préparation, d'une renommée méritée dans l'espèce, d'un usage généralement répandu, n'est en grande vogue que de nos jours pour tuer les souris et les rats, quoique, cependant, le phosphore soit considéré depuis longtemps comme un excitant violent et comme un poison. Sa vertu mortifère, en effet, est des plus sûres et des plus subtiles (1).

L'important est d'obtenir son mélange intime, bien fait et bien proportionné avec la pâte, à un prix abordable, et de savoir l'employer judicieusement.

La première de ces conditions laisse souvent à désirer, surtout depuis que son débit et les bénéfices qu'il donne acquièrent une si grande extension.

En outre, il est notoire que cette composition n'a point de formule uniforme ni pour les quantités proportionnelles, ni pour

(1) Nous savons de bonne source, que 16,000 kilos, au moins, de pâte phosphorée ont été achetés à Châlons dans le courant de cette année 1872, ce qui représente 32,000 fr. à 2 fr. le kilo, et 800 kilos de phosphore en nature, à raison de 5 p. 0/0 que doivent contenir les bonnes préparations.

Ces chiffres en disent assez pour établir la confiance publique acquise à ce poison.

Si on estime à 3 fr. les frais de main-d'œuvre pour l'emploi d'un kilo de pâte phosphorée ; soit 48,000 fr. et 30,000 fr. pour l'achat et l'entretien de 40,000 pots et autres engins, on arrive à plus de 100,000 fr. qui démontrent combien sont grandes les proportions alarmantes du fléau dans l'arrondissement de Châlons seulement, et les dispositions des propriétaires à s'imposer des sacrifices de temps et d'argent pour le combattre. C'est alors qu'on peut regretter que ces forces ne soient pas dirigées obligatoirement, ou réglées par des principes et par des instructions, car, abandonnées à elles-mêmes elles sont souvent perdues ou dispersées inutilement.

le mode de préparation qui exige des pré-cautions intelligentes et délicates.

De là, l'arbitraire laissé à chaque préparateur, et l'innocuité souvent remarquée de son produit.

Il y a bien encore d'autres causes de l'infidélité de ce poison; mais elles dépendent principalement de celui qui l'emploie et des éléments du temps, ainsi que nous ne tarderons pas à le voir.

L'extrême besoin de la pâte phosphorée et le caractère public que prend l'intérêt qui s'attache à cette question, ne sont-ils pas des motifs sérieux et plus que suffisants pour provoquer une réunion d'hommes compétents, qui aurait pour mission de régler les quantités, les qualités et tous les éléments qui doivent constituer et assurer la bonne préparation et la conservation de cette pâte qui, alors, pourrait être, au besoin, soumise au contrôle d'un examen analytique?

En attendant, nous ne pouvons qu'engager les cultivateurs à bien choisir la pâte phosphorée qu'ils achètent, et, lorsqu'ils ont lieu de la suspecter, de l'essayer en en présentant quelques petites tartines à des souris vivantes, en captivité dans un bocal en verre blanc, ou mieux dans un tonneau défoncé, et, pour juger et apprécier leurs préférences, de les mettre dans les mêmes conditions qu'à l'état de nature, en y ajoutant des substances alimentaires ordinaires, herbe, grain ou épis.

Modes d'emploi de la pàte phosphorée.

La pàte phosphorée est diversement appliquée et assez sujette à des inconvénients qu'il faut éviter, pour qu'il soit utile d'y consacrer quelques lignes.

Généralement, elle est occupée étendue avec la pointe d'un couteau ou avec un petit pinceau sur de petites tartines de pain bien divisées, sur des rondelles *minces* de carottes, de pommes de terre, de betteraves, de pommes, de poires, également coupées menues; ou bien elle est brassée et mélangée intimement dans une grande terrine avec ces racines, avec du blé, de l'orge ou du seigle renflés à la vapeur ou à l'état naturel.

Nous savons par M. Gillet-Thiéry, de Cour·tisols, que le chenevis écrasé avec une bouteille sur une table constitue aussi un très-bon véhicule sous forme de magma épais, qui attire et qui flatte le goût des campagnols ou des mulots.

Nous ajouterons que la graine de lin est également pour ces petites bêtes un aliment très-friand.

La meilleure proportion est ordinairement de un kilo de pàte pour six à huit litres de grains, ou pour six à huit litres de racines divisées par petites tranches fines ; l'expérience, d'ailleurs, pouvant en cela apporter des modifications en plus ou en moins.

Ces manipulations, qui peuvent s'exécuter à l'avance, à la maison, se font le plus souvent sur le champ même, au fur et à mesure des besoins, ce qui est préférable et plus rationnel, pour éviter la déperdition du phosphore.

Sur les racines fraîchement coupées, on remarque un suintement liquide susceptible d'entraîner l'ingrédient ; on fera donc bien, d'attendre qu'elles soient ressuées, la pâte y adhérant et s'y conservant mieux.

Après le piétinage exécuté de la veille, le dépôt de ces préparations doit se faire dans chaque orifice nouvellement frayé. Parfois, on projette ces appâts, çà et là, sur les places envahies, ce qui devrait être défendu, souvent on les dépose entre deux tuiles, au milieu ou à proximité des parties ravagées.

Les personnes chargées de cette dispersion, pour ne pas s'exposer à être incommodées, devront se tourner contre le vent, se servir d'une pince s'il s'agit de parcelles de racines, et d'une cuiller à café s'il s'agit de grains.

Si le fléau fait des progrès, s'il est entretenu par des voisins indifférents ou négligents, par des gazons, des termes, des fossés, etc., l'opération sera renouvelée et continuée autant qu'il le faudra, ce qui entraîne sans doute à de grands frais, surtout si la pâte n'est pas bonne, ce à quoi il faut apporter la plus grande attention.

L'inconvénient reproché à cette substance, outre son prix élevé, est de perdre sa force et sa vertu en vieillissant dans des vases mal bouchés, débouchés ou entamés et exposés à l'air, à plus forte raison quand elle est divisée pour l'usage trop longtemps à l'avance ; car on sait que le phosphore brûle et s'use en s'oxidant au contact de l'air, et qu'il résiste à peine, pendant quelques heures, à vingt-cinq, trente ou trente-cinq degrés, d'où l'importance de l'occuper aussitôt préparé à cet effet, et de l'introduire le plus possible dans les galeries souterraines dont la température basse varie peu.

Les pluies et les grandes rosées, en lavant les rouelles de racines et en entraînant les parties actives, sont aussi, sans conteste, des causes affaiblissantes qui, réunies aux premières, font accuser à tort le produit et l'habileté du pharmacien.

Ce composé, quand il est distribué et qu'il n'est pas pour être accepté dans les quarante-huit heures, perd donc sensiblement de ses propriétés, au point de ne plus produire d'effet, et de faire manquer le but des sacrifices de temps et d'argent.

De là, la recommandation de ne pas le prodiguer, de ne l'employer qu'à coup sûr, dans les coulisses habitées ou auprès, et de bien se garder de le semer à la volée dans les champs.

Des tuiles courbes, des tuyaux de drainage et des souricières empoisonneuses.

Un reproche sérieux adressé à ce poison et à ceux dont il sera question ci-après, c'est d'exposer le gibier et les volailles domestiques à s'empoisonner. On ne peut nier, en effet, la possibilité et les exemples de ces accidents, soit dans les prairies, les plaines, soit dans les fermes. Nous ferons remarquer, cependant, que ces dommages sont relativement peu importants par leur rareté, comparativement à la somme et aux intérêts considérables que représentent les moissons.

Néanmoins, pour satisfaire aux trop justes réclamations des chasseurs, et, comme perfectionnement, nous indiquerons des précautions qui doivent s'appliquer, d'ailleurs, à tous les appâts empoisonnés.

Le procédé le plus simple et le plus sûr, nous l'avons déjà dit, est de déposer le poison, quel qu'il soit, dans les trous frais, et alors, sous la dent du campagnol, il n'est plus accessible au gibier.

Quand ce travail n'est plus possible, surtout dans les prairies et que les trous sont ou cachés par les feuilles, ou trop nombreux, on a recours aux tuiles. Dans ce cas, la matière est posée sur terre sous une tuile, ou bien elle est placée dans le creux de l'une recouverte d'une seconde.

Il y a là encore des inconvénients ; outre les complications dans le maniement, la souris, qui se joue de nos engins, pousse ou retire le poison au dehors, le mouton et même le lièvre et le lapin peuvent heurter et disjoindre les tuiles, pour s'exposer à faire un goûter mortel, qui alors peut être partagé par les oiseaux et le gibier à plumes.

Cependant, au point de vue pratique, et de la simplicité, nous approuvons l'usage d'une seule tuile recouvrant le mets vénéneux, qui, dans ce cas, doit être servi et placé sur la terre bien serrée et bien aplanie, même un peu au de là, avec la plante du pied, la tuile, alors, offrant plus d'adhérence et de stabilité.

Si les raies séparatives et autres dont nous avons parlé sont bien entretenues, ces tuiles y seront toujours très-bien placées.

Nous avons nous-même essayé d'un moyen simple, peu coûteux et commode, par lequel le poison est mieux protégé.

Il consiste en des tuyaux de drainage de *trois centimètres* à l'intérieur, coûtant deux centimes en fabrique, bouchés par nous à un bout avec une cuillerée comble de plâtre et deux cuillerées d'eau, et dans lesquels nous déposons les substances préparées.

Ces tubes, chargés à l'avance par l'orifice libre, sont jetés par-ci, par-là, dans les places ravagées ; ils ne tardent pas à être visités par les souris qui, certes, ne peuvent toucher au contenu sans le payer de leur vie ; mais, soit que les exemples leur servent, soit ruse ou malice, toujours est-il, qu'elles se plaisent assez souvent à les vider en ramenant les matières au dehors, puis, ensuite, à les remplir de terre ou d'herbe et même à y disposer quelquefois leurs nids. Il faut dire qu'alors nous étions débordés par des hordes et par des légions de la plus grande force dévorante, qui avaient à leur discrétion des céréales de mai, juin et juillet les plus succulentes. Pourtant, nous sommes ainsi parvenu à défendre la moitié de notre très-petite récolte que nous aurions probablement sauvée presque complètement, si nous nous y étions pris assez tôt.

Quoi qu'il en soit, instruit à nos dépens, nous nous servons depuis peu d'un système préférable. Ce sont encore des tubes de drainage d'un calibre plus fort et plus commode, de *quatre centimètres* intérieurement, choisis parmi les plus cylindriques ou les plus ronds, d'une valeur de quatre centimes pris à Passavant, bouchés aussi à une extrémité avec deux ou trois cuillerées de plâtre et autant d'eau ; puis, chose très-facile, quand ce bouchon obturateur est sec, un trou de *dix-huit à vingt millimètres* y est pratiqué juste au centre avec une mèche anglaise à vin, mue par un vilebrequin. Quant à l'autre extrémité, par laquelle on introduit l'approvisionnement voulu, elle est fermée par une bonde de tonneau grossièrement ajustée, que les tonneliers vendent trois centimes en gros.

Nous nous servons encore, préférablement, d'un autre petit appareil rustique, d'un usage plus facile, que tout le monde peut faire vite et à peu de frais.

C'est une petite boîte de sept à huit centimètres carrés, sur cinq intérieurement, et de vingt à vingt-cinq de long, plutôt plus que moins, faite avec de la volige brute en bois blanc de peuplier. Le dessus, ou couvercle, un peu plus large pour que l'eau de pluie n'entre pas, est mobile, on le pose et on l'enlève à volonté, n'étant retenu à chaque extrémité que par un petit trait de scie à large voie qui s'emmanche sur un petit goujon, qui n'est autre chose qu'une petite pointe sans tête, enfoncée à demi sur le bord supérieur des deux bouts, au milieu desquels on perce également un trou de dix-huit à vingt millimètres pour permettre aux campagnols d'y entrer et d'en sortir librement.

Comme le tuyau précédent, cette petite boîte

sert de réservoir ou de petit magasin aux appâts préparés, quelle qu'en soit la nature, qui s'y trouvent retenus par les bords, par conséquent, en lieu de sûreté et à l'abri de la pluie et de la faim du gibier.

Pour s'en servir, il suffit de les charger d'une quantité plus ou moins grande de préparation empoisonnée et de les poser, d'abord. aux endroits les plus compromis, ou à proximité dans les raies ou sillons tracés à cet effet On complète cette disposition en posant sur chacun de ces pièges, ou de tout autre, quelques gazons, ou des mottes de terre pour les dissimuler aux maraudeurs à deux pieds, ou une bonne poignée de paille pour attirer la souris qui, de sa nature, aime à courir çà et là, et à rôder pour chercher sa pitance.

Un autre moyen d'attraction assez ingénieux que nous avons remarqué dans nos courses, consiste à lier autour d'un bâtonnet, de la grosseur et de la longueur d'une canne mince, une poignée de paille courte, égluée, ou de paille longue coupée en deux. Ce bâtonnet, effilé par un bout, est piqué en terre immédiatement auprès et au-dessus du traquenard tendu ; la paille, maintenue écartée par le bas, en portant sur le sol, forme alors une sorte de capuchon peu élevé sous lequel la souris se retire pour jouer, ou pour se soustraire à ses ennemis. Ce couvert qui résiste au vent, a encore le grand avantage de prolonger la conservation des matières altérables, en les protégeant contre la pluie, le soleil, le hâle, etc.

Ces apprêts peuvent aussi s'employer au pied ou au pourtour des meules, et même aussi sur leur circonférence, à diverses hauteurs, en y piquant de petits bâtons en plusieurs endroits choisis, pour soutenir de petites planchettes poussées le plus près possible des gerbes et sur lesquelles on pose le poison, soit sous une tuile ou dans les petites boites en question.

Les souris montées, se tenant toujours à la périphérie de la meule pour y respirer un bon air, passent et se laissent prendre sur ce petit échafaudage dressé pour leur faire expier leurs rapines.

Inutile de dire qu'il faut que toutes ces embûches soient visitées souvent, tous les deux ou trois jours au plus tard, soit pour les réapprovisionner, soit pour les porter ailleurs quand les trous des alentours ne sont plus frayés ni rouverts, soit enfin pour changer la nature du poison lorsque la souris n'y touche plus, parce que, guidée par un instinct sûr, intelligent peut-être, elle sait reconnaître et éviter ce qui donne la mort à ceux de son espèce.

Les résultats de ces moyens ne sont pas aussi faciles à constater qu'avec les pots, le balai, etc., attendu que l'animal qui a ingéré le germe de la mort, rentre ordinairement sous terre pour y rester. L'habitude, néanmoins, fait connaître les galeries abandonnées, ou mortuaires ; parfois, en effet, pendant les chaleurs, on en trouve des indices dans une odeur putride qui se dégage, et par de grosses mouches noires qui s'échappent des orifices, non sans exposer les personnes à quelque danger.

Cependant, en cette saison principalement

qui vient à notre aide, (septembre et octobre,) on remarque passablement de victimes empoisonnées ou mortes naturellement, dont beaucoup sont mutilées ou en partie dévorées par leurs semblables.

Nous recommandons, ainsi que nous l'avons vu faire, d'utiliser tous ces petits cadavres en les fourrant et en les poussant avec une baguette dans les coulisses fréquentées, et de donner par-dessus un coup de talon pour boucher. Par leur putréfaction, ils chasseront ou infecteront mortellement les campagnols qui, de leur nature, ne peuvent supporter l'insalubrité de leur intérieur, ainsi que le prouvent leurs immondices toujours déposées au dehors.

Nous avouons que tous ces petits moyens peuvent, tout d'abord, paraître méticuleux et compliqués ; mais, nous affirmons, qu'avec du vouloir, ils sont d'une exécution assez facile, et qu'ils contribuent pour beaucoup à atteindre le but que nous cherchons.

Arsenic, (oxide blanc d') ou acide arsénieux.

Par son prix peu élevé, la facilité avec laquelle on l'emploie, et par son action constante éminemment mortelle, ce corps occuperait certainement le premier rang des moyens destructeurs si la vente n'en était *formellement interdite.*

Néanmoins, toujours débordé et dévoré en

sous-œuvre par l'ennemi souterrain, l'appréhension trop fondée de voir cette calamité continuer et se généraliser de plus en plus, la *nécessité de varier* et de recourir à divers moyens d'attaque, etc., sont autant de motifs qui font tourner nos regards sur la vigilante intervention de l'administration pour favoriser et pour diriger cette guerre que nous poursuivons, en autorisant, *avec des mesures de sûreté*, l'usage de l'arsenic qui est l'agent le plus efficace, le meilleur et le plus prompt des poisons.

Autrefois, déjà, on employait l'arsenic, même en grand, pour détruire les souris et les mulots en pleine campagne et dans plusieurs cantons, sans qu'il en soit résulté, dit-on, de mal pour les hommes.

Il ne faut donc pas, aujourd'hui, qu'une crainte exagérée nous prive de son utilité pour sauvegarder la subsistance de plusieurs millions d'hommes. Nous avons déjà assez de malheurs sans laisser grandir celui-là.

Aussi pensons-nous, qu'à l'exemple d'un acte préfectoral des Deux-Sèvres, en date du 11 frimaire an x, qui recommande l'arsenic avec les précautions voulues par les règlements, et surtout, si l'urgence en était démontrée, qu'un semblable privilége nous serait aussi accordé.

C'est pour ces raisons, le cas échéant, et pour qu'on ne soit pas pris au dépourvu, que nous croyons devoir étudier et rechercher le parti qu'il serait possible de tirer de l'arsenic comme poison.

L'arsenic, encore appelé *mort aux rats*, est vendu pour cet usage sous forme de poudre

blanche, inodore, d'une saveur peu sensible,
mais qui ne tarde pas à devenir âcre et nau-
seuse ; quand on en projette sur des charbons
allumés, il se transforme en une vapeur blanche
d'une odeur alliacée, *dangereuse à respirer* ;
on peut le confondre à première vue, avec
la farine d'une céréale quelconque, ou avec
du sucre rapé fin ; et il est susceptible, par conséquent, de causer des *méprises* et des malheurs qui ne sont pas sans exemples ; car son
action sur tout ce qui vit, coupe l'existence
des êtres qui l'absorbent.

Si nous insistons sur ces points, c'est pour
tenir l'attention des intéressés en éveil, et
pour expliquer la sévérité de la loi qui a mission de régler la vente, le commerce et l'u-
sage industriel ou médical de ce corps.

Depuis longtemps, répétons-le, les rats et
les souris sont poursuivis avec cette substance
qui a été proposée, en l'an x, par l'*Institut de
France*, dans des circonstances semblables, et
peut-être même moins graves que celles que
nous éprouvons, en conseillant, en même
temps, des mesures de nature à éviter les
accidents.

C'est dans la même pensée que nous croyons
possible et réalisable le secours de l'arsenic,
ainsi que nous allons essayer de le démon-
trer.

Son mode d'emploi le plus simple, le plus
commode et le plus ordinaire est de le mé-
langer intimement, à cinq ou huit pour cent,
avec de la farine pure ou mélangée, et d'en
faire la distribution par petites cuillerées à
bouche pour les rats et les souris, *en dehors
de la portée des animaux domestiques*, *du*

gibier, *des enfants* et *des personnes étourdies,
oublieuses* ou *imprudentes* ; mais, malheureusement, cette farine empoisonnée, en la confondant avec de la bonne, expose à des méprises redoutables qui doivent la faire *condamner et empêcher de la laisser telle à la discrétion du public.*

Ces dangers, on les évitera sûrement en faisant une mouture d'un mélange de blé ou de seigle, d'orge, d'avoine et de sarrasin en y laissant le son ; elle n'en serait que plus friande comme appât, et l'écorce noire de ces derniers grains serait suffisante, déjà, pour empêcher toute confusion.

En outre, sans lui faire perdre de ses propriétés toxiques et alléchantes, il serait facile de la dénaturer on y ajoutant un tiers, et même moitié de petites grèves fines, dont quelques-unes plus grosses pour mieux frapper l'attention.

Enfin, le noir de fumée serait encore un auxiliaire pour en masquer la blancheur naturelle.

Les grains, beaucoup conseillés en macération et en infusion dans des solutions concentrées d'arsenic, sont aussi une cause de danger dans les mains étrangères, parce que, séchés, ils peuvent être pris et occupés par mégarde pour des animaux domestiques, quadrupèdes ou volailles, qui les *ingèrent en entier* ; tandis qu'il n'en est pas de même des souris qui, le plus ordinairement, ne mangent que l'amande après en avoir séparé l'écorce, seule partie imprégnée qu'elles laissent là.

Cet épluchement est d'autant moins compromettant pour elles, qu'elles s'y prennent très-adroitement, avec une gracieuse agilité, et que chaque grain, macéré à froid, ne porte que quelques fractions d'un millième de gramme d'arsenic, par cette raison, qu'un kilogramme d'eau à + 15, qui n'en dissout qu'un gramme, suffit pour deux ou trois litres de blé ou d'orge, c'est-à-dire pour trente-cinq ou pour quarante mille grains. S'il est vrai que l'eau à 100 degrés en dissout neuf à dix fois plus, cette quantité, infiniment divisée, serait encore trop minime pour inspirer confiance, comme poison, et d'ailleurs, l'arsenic précipité ou déposé en nature par l'évaporation subséquente, se détache et tombe à l'état de poussière.

Le grain bien cuit et crevé par la décoction ou par l'ébullition peut bien se trouver pénétré d'arsenic dans toutes ses parties et être employé avantageusement pour atteindre le but ; mais alors, il peut aussi faire l'objet d'erreurs à redouter. En outre, ne pouvant le conserver dans cet état, il ne peut être préparé que pour le moment de s'en servir.

Nous ne pouvons donc approuver ni conseiller les grains ainsi préparés.

Pour obvier à ces inconvénients, nous faisons une pâte sous forme de bouillie avec un kilo cinq cents grammes de farine de seigle et deux cents grammes d'arsenic, en y ajoutant, si l'on veut, cinquante ou cent grammes de cassonade. Le tiers, ou la moitié de cette bouillie, est jeté dans un grand vase avec cinq litres de grains, le tout brassé pendant quelques minutes, puis étendu sur un plancher ou sur un cendrier pour faire sécher au grenier ou au soleil.

Après la dessication, ce grain est encore mêlé et roulé en tous sens, en deuxième ou troisième et dernière fois, avec le restant de la pâte, puis séché de nouveau.

Dans cet état, chaque grain est englobé d'une couche de pâte arséniquée que le campagnol ne peut prendre sans avaler à peu près trois ou quatre milligrammes d'arsenic, et plus, s'il consomme plusieurs grains pour son repas.

Cette préparation, qui porte la mort, a pour avantage de pouvoir être apprêtée à l'avance ; une fois sèche, elle se conserve d'autant mieux que l'arsenic fait corps avec la pâte, et qu'il est un des plus précieux moyens de préservation contre toute altération. Pour l'employer, on peut la tenir à la main ; cependant, il sera toujours préférable et prudent de se servir d'une cuiller. Elle est très-commode pour la distribution dans les trous, les galeries, les tubes et les boîtes dont nous avons parlé et que nous qualifierons de *souricières libres ou empoisonneuses.*

Toutefois, il serait expressément défendu de semer sur le sol, n'importe laquelle de ces préparations, à cause du gibier dont la capture par empoisonnement pourrait aussi donner des craintes et des appréhensions pour la santé de ceux qui en feraient usage, avec ou sans connaissance de cause, quoique cependant nous n'en connaissions aucun exemple.

Si l'arsenic a servi des mains criminelles, ou s'il a causé des malheurs par imprudence ; c'est parce qu'il était délivré à l'état de nature. Les malfaiteurs, d'ailleurs, pouvant toujours en venir à leurs fins, envers et contre tout.

La pâte, comme le pain, est une friandise qui allèche les rats et les souris ; les dégâts qu'ils causent, même aux vieux papiers collés dans les appartements, aux corbeilles des boulangers, et l'avidité avec laquelle ils se jettent sur la pâte phosphorée pour la lécher en sont des preuves. C'est pour cela que nous la recommandons pour y incorporer les poisons.

Le grain, enveloppé et vêtu de pâte, se trouve déjà dénaturé au point de ne plus être confondu avec le grain naturel ; mais, par prudence, rien de plus facile de le rendre encore moins sujet aux erreurs en le colorant avec du noir de fumée, ou mieux, purement et simplement, en le mélangeant avec de la petite grève de rivière passée, pour qu'elle soit nette et régulière, comme nous venons de le dire pour la farine. Qu'on ne craigne pas ce mélange, la souris saura bien en faire le triage comme elle le fait dans un tas de paille ou dans la terre.

Nous trouvons dans l'*Economie rurale ;* journal des cultivateurs, numéro du 7 novembre 1872, les lignes suivantes que nous croyons utile de reproduire incidemment :

« Les souris font beaucoup de mal dans quelques localités et, nous le disons à regret, avec l'apathie du plus grand nombre des habitants des campagnes, le nombre de ces animaux ira toujours en augmentant et il en résultera des dommages considérables Ce qu'il y a de plus triste, c'est que le cultivateur le mieux intentionné se trouve dans l'impossibilité de remédier tout seul au mal ; car, s'il prend des mesures pour détruire les souris, son voisin ne fait absolument rien, et son champ qui était presque complètement purgé de ces rongeurs est habité de nouveau par ceux du champ voisin. Il y a donc là une question de solidarité inévitable, et cette solidarité, si elle n'est pas volontaire ; doit être imposée par l'autorité, car la loi déclare formellement que personne ne doit nuire à son voisin et c'est là un principe d'équité qui doit toujours être respecté. Quelques préfets sont entrés à ce sujet dans la voie des arrêtés, mais le plus grand nombre de ces administrateurs est resté indifférent aux dommages que subissent les habitants des campagnes ; et cependant, les récoltes perdues ne profitent à personne ; c'est donc là une question sociale et d'intérêt public sur laquelle nous appelons toute l'attention de l'autorité.

« Il est d'abord très-important *de faire tuer toutes les souris qui sortent de la terre au moment des labours pratiqués après les moissons;* c'est là un travail peu difficile qui peut être fait par les femmes, les enfants, etc. ; mais il est nécessaire d'intéresser ceux qui se livrent à cette opération et de leur accorder par exemple un centime ou un demi-centime par tête de souris, il y a bien des gens alors qui se livreront à cet exercice.

« Il ne suffit pas de tuer les souris qui se montrent au grand jour, il faut encore détruire par l'empoisonnement celles qui restent dans le sol, et il est absolument nécessaire que ce travail ait lieu le même jour, dans toute une commune ; car Pierre n'obtiendrait aucun résultat utile en empoisonnant les souris, si Paul, son voisin, n'agissait de la même façon ; il serait donc fort important qu'un arrêté du maire de la commune fixât le jour où cette destruction doit commencer, car alors, de cet ensemble, résulterait un bien incontestable. Mais comment doit avoir lieu cet empoisonnement ?

« M. Chavée-Leroy donne à ce sujet quelques renseignements qu'il nous paraît utile de publier :

« Le mois d'octobre est le plus favorable à l'empoisonnement des souris, parce que c'est alors que la plus grande partie des terres a été remuée par les labours et les hersages.

« On commence par faire dissoudre un kilogramme de gomme arabique dans cinq litres d'eau.

« On prend des carottes, on les découpe en forme de lanières au moyen d'un coupe-racines, puis on donne quelques coups de bêche sur le tas afin de raccourcir les morceaux. Sur un hectolitre de ces racines ainsi coupées, on jette deux litres d'eau de gomme, on remue bien, et on saupoudre avec cinq kilogrammes d'arsenic en poudre, évitant d'en respirer en opérant sous le vent, et en continuant de remuer encore. »

On comprend que par la gomme l'arsenic doit s'attacher aux carottes.

« L'appât ainsi préparé, est mis dans des sacs et porté aux champs. Là, des personnes, femmes ou enfants, en prennent dans un vase quelconque ou dans un panier, se placent en rang et à l'aide d'une petite palette en bois font tomber quelques morceaux de carotte dans les trous de souris les plus frayés et les plus nouvellement ouverts.

« Il ne faut pas beaucoup de temps pour

faire cette opération qui donne les meilleurs résultats. Le coût en main-d'œuvre et matières employées est de trois francs par hectare. Un ouvrier peut parcourir quatre à six hectares par jour (1).

« Une fois pareille mesure généralisée dans un canton, et une commission dirigeante et exécutante instituée par les cultivateurs intéressés, la somme dépensée serait remboursée par tous les exploitants du sol, en raison de la contenance qu'ils font valoir.

« Nous ne saurions trop engager les cultivateurs à faire usage de ce procédé avec ensemble, car il est vraiment incroyable qu'on laisse détruire sa récolte sans employer des moyens vigoureux pour arrêter les dégâts qui finissent par atteindre un chiffre considérable. »

Tous ces apprêts, suivant nous, avec la farine ou le grain, la carotte, la gomme, la pâte, etc, s'il y entre de l'arsenic, ne seraient confiés qu'à des pharmaciens, ou, d'après leurs instructions, à un délégué intelligent choisi et désigné par le maire. Un dépôt aurait lieu au secrétariat des mairies, et la livraison, au prix de revient pour la commune, ne se ferait qu'au fur et à mesure des emplois et des besoins constatés à la diligence des maires ou d'un préposé.

A moins d'autorisation spéciale, jamais l'acide arsénieux (2) ne passerait, en nature,

(1) Ce prix nous paraît trop faible même insignifiant, il doit nécessairement varier suivant l'importance des attaques par les souris.

(2) On peut remplacer l'arsenic par le *vert de gris*, et le *vitriol bleu*, en poudre fine, comme nous le verrons bientôt.

enter les mains des individus, bien que, néanmoins, un danger prévu soit toujours facile
à éviter.

Ces mesures et ces diverses précautions, ne
sont-elles pas de nature à satisfaire tous les
scrupules, à éloigner toutes les craintes et
à rassurer les sages? Nous le pensons, et nous
espérons qu'il en sera tenu compte quand on
sera certain de toute garantie ; parce que l'administration et l'agriculture en souffrance, sen-
tent trop vivement aujourd'hui l'intérêt public
qui s'attache à cette question.

Un point difficile est donc d'obtenir de se
servir de l'acide arsénieux dont la *vente reste
prohibée*. Un second, très-important et plus
difficile encore, parce qu'il retient le premier,
est de vaincre l'esprit de licence qui se soumet
peu aux conseils, aux recommandations, à la
surveillance et aux mesures de police ou administratives qu'exigent la sécurité et la santé publiques ; enfin, un troisième est d'amener
les cultivateurs à agir avec ensemble.

Recettes et substances vénéneuses diverses.

De tout temps, l'arsenic et le phosphore, à
cause de leurs propriétés toxiques et des accidents qui en sont résultés, ont vivement préoccupé les administrateurs et les magistrats.

Tour à tour prohibés ou permis, ces agents
restent classés dans le cadre des substances
vénéneuses défendues ou soumises à un contrôle réglementaire ; le phosphore, néan-

moins, dangereux encore pour les incendies, même sous forme de pâte, paraît être toléré aujourd'hui par l'usage.

Quoi qu'il en soit, M. le docteur Séverin Caussé, secrétaire du conseil d'hygiène publique et de salubrité de l'arrondissement d'Alby, dans un mémoire sur l'empoisonnement des animaux nuisibles adressé à monsieur le ministre de l'agriculture le 20 février 1860(1). conclut à la prohibition de l'arsenic et du phosphore, et à y substituer la formule suivante, basée sur le goût des rats et sur la répugnance des hommes pour le suif, et que nous reproduisons sans autres commentaires que le *nota* 2) ci-dessous, renvoyant à la source ceux qui voudront s'en rendre compte plus exactement.

« En résumé, dit l'auteur, la composition de
« mes chandelles, est pour un kilogramme,
« savoir :
« Suif...................... 786 grammes.
« Tartre stibié.............. 153
« Euphorbium 51
« Coton (pour la mèche)...... 10
« Aventurine .... une pincée
« Total....... 1000 gram.

« On peut faire avec cette quantité trente-
« deux chandelles.

(1) Annales d'hygiène publique et de médecine légale, avril 1861.

(2) Nota. Cette préparation faite en vue d'éviter les empoisonnements criminels ne nous paraît pas pouvoir remplir le but que nous voulons atteindre. Elle est proposée très-probablement pour les rats et les souris qui habitent l'intérieur des maisons, des magasins, des moulins, des caves, des égoûts ou autres établissements.

« J'ai fait fabriquer des chandelles dont la
« mèche est jaune, dit encore M. Caussé, et qui
« ayant été préalablement mouillée ne brûlera
« pas si jamais on voulait s'en servir pour l'é-
« clairage.

« En les suspendant à un clou, et hors de la
« portée d'un enfant, on n'aura pas à craindre
« qu'elles soient entrainées ailleurs.

Voici encore une formule préconisée en
l'an x, par le citoyen Vilmorin :

Noix vomique en poudre, six onces (à peu
près deux hectogrammes.)

Mie de pain, ou farine, deux livres (un kilogramme).

Graisse, quantité suffisante pour lier le tout.

On fait le mélange sur le feu, et après le
réfroidissement, on forme des boulettes qui se
placent de distance en distance dans les
champs, ou préférablement près, ou dans les
trous, comme nous l'avons recommandé
maintes fois.

Bien des pièges, des engins mécaniques,
des recettes et d'autres substances d'un
prix très-abordable, quoique d'un effet
moins prompt que celui de l'arsenic et du
phosphore, peuvent aussi être recommandés
pour anéantir les souris. Ce sont, parmi les sels
minéraux, le *vitriol bleu ou sulfate de cuivre*,
le vert de gris, le *tartre stibié*, le *sublimé
corrosif, etc.*, et parmi les poudres végétales,
l'*ellébore*, la *noix vomique*, l'*euphorbe*, la *coloquinte*, le *colchique d'automne*, la *digitale*,
le *garou*, etc.

La préparation de ces matières, toujours à
l'état de poudre fine, leurs proportions, ainsi
que leur emploi, doivent se faire à peu près

avec les mêmes soins, les mêmes précautions, les mêmes règles que nous préconisons dans ce qui précède. Aussi, nous bornerons-nous ici à ce simple énoncé en ajoutant seulement qu'on peut se les *procurer dans le commerce de la droguerie*, et qu'à 10 ou 20 0/0 dans des farines ou dans la pâte, elles causent sûrement l'empoisonnement des campagnols.

Des primes.

Cependant, mentionnons encore une ruse que nous avons omise, employée avec succès par des meuniers. Elle consiste à se pourvoir de menus poissons, connus sous le nom d'*alevin*, dans le ventre desquels on introduit une pâte, en poudre toxique quelconque. Les rats et les campagnols, toujours avides et gloutons, se laissent affrioler et prendre à cette amorce déposée sur leur passage.

Il est beaucoup d'autres moyens encore, tels que les *trous taillés à pic* avec la bêche dans les terres compactes et imperméables, la *terrière de Triefflies*, en si grande faveur autrefois, etc, nous ne nous y arrêtons pas, parce que nous leur avons reconnu des inconvénients et parce que nous avons présenté les principaux et les plus usuels.

Enfin, nous terminerons cette revue en recommandant l'institution de primes dont le taux et la réglementation seraient laissés à l'initiative des propriétaires, des maires, et, en haut lieu, de l'administration départementale, parce que, dans l'espèce, comme en toute autre chose, l'argent est un appât, d'une puissante action, qui surpasse tous ceux dont nous avons parlé.

Animaux auxiliaires.

Après le chien ratier et le louloup déjà recommandés particulièrement, nous ne devons pas omettre de réclamer la plus grande protection pour les utiles auxiliaires que nous trouvons dans les carnivores, les hiboux, les buses, les chouettes, les ducs, les hérons, les corbeaux, voire même les canards qui avalent goulûment les souris vivantes et surtout pour les chats, les hermines, les belettes, les hérissons, etc., qui sont les ennemis les plus cruels et les plus implacables de la souris; et comme preuve, tout récemment, nous remarquions au pied, et tout autour d'une meule de blé, une masse de terre ramenée et comme vermoulue, laissant voir, de place à autre, des ouvertures frayées, comme des trous de rats, et au pourtour desquelles nous avons compté plus de cent campagnols nouvellement mis à mort, entamés ou en partie dévorés sur le cou. Nous pensons que nous aurions trouvé ce nombre beaucoup plus considérable, si nous n'avions constaté sur ce lieu, quantité d'excréments d'oiseaux carnivores, qui témoignent, par leur composition, que ceux-ci viennent se repaître de ces petits cadavres qu'ils emportent aussi pour former leurs provisions.

Nous ne doutons pas que les exécuteurs principaux de cette extermination ne soient des oiseaux de proie et des belettes qui heureusement paraissent se multiplier; aussi pour attirer et pour favoriser l'instinct guetteur de ceux-là, conseillons-nous de piquer quelques branches sur la périphérie des meules, ou au milieu des zones attaquées, pour leur servir de juchoirs, et pour s'assurer le très-utile concours des belettes, de leur conserver des abris protecteurs composés de quelques fagots d'épine ou de sapins.

Application générale.

Pour les détails pratiques et pour ne plus nous répéter, nous ne pouvons que renvoyer aux articles spéciaux que nous croyons avoir assez développés pour en faire comprendre le but et dont l'application, d'ailleurs, doit varier suivant diverses circonstances déjà expliquées, qui ne peuvent être jugées et appréciées que par ceux qui *voient sur le terrain*. Il ne peut donc y avoir de mesures générales rigoureuses et administratives fixées à l'avance, comme on le croit généralement. Ainsi, pour ne citer qu'un exemple, l'usage du balai ordonné derrière la charrue, rend les plus grands services dans les labours donnés aussitôt ou peu après l'enlèvement des récoltes dévastées, parce que le campagnol s'y trouve encore sous la couche superficielle du sol ; tandis que plus tard, lorsqu'il a émigré pour ravager d'autres champs, ou lorsque le froid le refoule plus avant dans la terre, la mesure légale devient illusoire et de nulle valeur ; de là des infractions qui ne sont qu'apparentes ou des abus de la loi.

Il en est de même des autres moyens. Tous n'ont leur raison d'être que quand ils sont choisis et employés avec discernement.

Tels d'entr'eux, par exemple, sont applicables et efficaces dans telle circonstance ou dans telle saison, et d'une application inutile ou impossible dans telle autre, *et vice versa.*

C'est pour cela que nous voyons souvent blâmer et rejeter des procédés que d'autres préconisent.

En règle générale, lorsqu'il s'agit de garantir ou de protéger une pièce ensemencée, il est très-important de s'assurer, d'obtenir ou d'exiger au besoin que les pièces voisines soient également bien soignées, qu'elles soient ou non en même nature de culture, en chaume, en guéret, en friche ou en gazon, etc., et, dans ces derniers cas, de les faire fouiller par la charrue ou à la pioche pour en chasser les souris, ou enfin d'y répandre aussi des poisons.

Les substances vénéneuses pouvant alarmer et donner des craintes pour la santé publique, nous exprimerons ici la conviction qu'elles pourraient être évitées et remplacées par la combinaison raisonnée des premiers procédés que nous avons étudiés et que nous appellerons mécaniques.

Ordinairement, on compte et on se repose sur la Providence pour nous délivrer du fléau ; cette confiance s'explique, en effet, par la disparition périodique des masses d'insectes nuisibles et des souris, au point de nous faire croire à la plus entière sécurité ; mais, tous les ans aussi, la nature toujours maîtresse de ses droits pour perpétuer les espèces et pour conserver son équilibre, tient en réserve des germes et des reproducteurs.

Dans nos premiers articles, nous avons vu comment le campagnol et le mulot passent les hivers, comment, dans leurs repaires chambrés et à étages, ils savent s'approvisionner, se garer de la famine, du froid, de la chasse qui leur est faite, et alors, un millième seulement de ce qui existe, ainsi échappé à la mort, serait plus que suffisant pour repulluler à l'excès et pour laisser, cette fois, une désolation générale plus alarmante ; parce que, si les plaines infestées sont restées circonscrites jusqu'à présent dans nos localités, nous savons, malheureusement, que ces races maudites sont actuellement répandues dans tout le département et au-delà, et que si elles venaient à y éclater par la reproduction ou par des incursions et à y exercer un pillage comme chez nous, elles pourraient bien, en peu de temps, bouleverser le règne végétal de ces contrées, et porter la misère de l'agriculture à son comble.

L'automne et l'hiver, avec la rigueur de lenrs éléments, viennent certainement alléger notre tàche en portant une rude atteinte dans cette grande armée de petits mineurs ; mais, encore une fois, cela ne suffit pas, il faut traquer et frapper jusqu'aux derniers débris ; nous payons trop cher notre tolérance, ou plutôt notre indifférence des années passées pour rester dans l'expectative.

Intervention de l'autorité.

Si nous nous rappelons ce que nous avons dit et si nous considérons les progrès menaçants du fléau, nous devons reconnaître qu'il y a urgence de mettre en pratique et sans relâche les conseils et les moyens que nous avons réunis et présentés dans ce petit opuscule. Mais, comme il s'agit d'un mal général, les efforts isolés ne suffisent plus ; c'est avec ordre, une certaine tactique même, et surtout avec ensemble qu'il faut agir ; sinon, les vigilants et les laborieux se découragent, le fléau finit par vaincre, et nous ne connaissons que trop déjà la ruine et l'état malheureux qui en résultent.

Dans les calamités de ce genre, les intéressés et les victimes semblent toujours attendre une direction, de la force et des secours de l'administration, et en attendant dans l'inertie, ils se laissent miner et épuiser. Il y a là une grosse erreur trop générale ; ce n'est pas d'en haut qu'il faut espérer l'action directe, mais bien d'en bas ; c'est-à-dire des communes et des habitants qui ont exactement les mêmes intérêts à sauvegarder. C'est à eux à prévoir et à faire leurs affaires, à ne compter sur personne, à se concerter, à s'associer, à s'organiser, à se discipliner, à se surveiller s'il le faut et à s'entendre, enfin, pour garder et protéger leurs récoltes.

Que peut, en effet, l'autorité départementale éloignée du théâtre des désastres, contre les négligences, l'incurie, les fautes et les infractions, réelles ou apparentes, qui résultent souvent du laisser-aller de ceux-là même qui ont mission de les réprimer, ou d'un détail d'exécution que ne peuvent prévoir des arrêtés officiels ?

C'est donc à MM. les Maires et à MM. les conseillers, qui sont sur place, à eux, les représentants et les protecteurs de la commune, à prendre l'initiative pour obliger les cultivateurs à détruire les souris par tels moyens légaux ou tolérés que bon leur semblera, et à faire exécuter par des mesures qui doivent varier, non-seulement dans chaque commune, mais encore pour chaque contrée et même pour chaque pièce, en observant la manière dont celle-ci sera emblavée ou envoisinée.

En outre, un devoir impérieux qui s'impose à l'autorité municipale, est de donner l'exemple de cette guerre aux campagnols dans les terrains communaux, dans les bois, les termes, les vieux gazons communaux, les chemins herbus, etc.

On ne peut donc trop invoquer de cette autorité, son influence morale d'abord, ensuite son pouvoir de prendre des dispositions exécutoires pour prévenir et empêcher les délits causés par les animaux nuisibles comme par les hommes, de former un syndicat spécial, etc.

MM les maires, en effet, n'ont-ils pas le droit de requérir, au nom de la loi, le concours des citoyens pour conjurer par exemple, un incendie, une inondation, une contagion mortelle, l'imminence d'un péril, d'une calamité publique, etc. ?

En cela nous sommes convaincu qu'ils peuvent compter sur l'appui et sur les encouragements de l'administration supérieure, et que, le succès aidant, ils trouveront l'occasion d'ajouter à leurs titres celui de bienfaiteurs de leur pays.

En un mot, nous ne doutons pas qu'en s'y prenant assez tôt et en combinant les investigations locales ou individuelles avec les nôtres, qu'on n'arrive à garantir les moissons.

Nous n'ignorons pas les difficultés à surmonter, la perturbation à éprouver dans certains travaux, dans les labours, dans les soles ; les sacrifices de temps et d'argent à supporter, etc., inconvénients d'autant moins grands, cependant, qu'on n'aura pas laissé aggraver le mal pour le combattre.

Mais, enfin, nous sommes en présence d'un fléau ruineux, et qui en veut la fin, veut les moyens.

Nous terminerons cette série d'articles en exprimant l'espoir que si des procédés nouveaux et plus efficaces venaient à surgir, leurs auteurs s'empresseraient de les faire connaître.

Enfin, comme supplément à ce petit travail, nous reproduisons, ci-après, l'instruction et l'arrêté de M. le préfet de la Marne concernant la destruction des campagnols :

Châlons le 1er août 1872.

Monsieur le Maire,

« Vivement préoccupé des dégâts considérables causés par les campagnols, ou souris des champs, dans certaines régions du département, j'ai, après avoir consulté M. le Ministre de l'agriculture et du commerce, provoqué une réunion d'hommes compétents afin d'arriver aux mesures les plus pratiques pour combattre ce nouveau fléau.

« Divers moyens ont été proposés à l'administration ; quelques-uns demandent à être étudiés pour être rendus applicables, et je me réserve d'en entretenir le Conseil général.

« Mais au moment où l'on commence les premiers labours, tout retard pourrait être préjudiciable ; aussi j'ai l'honneur de vous adresser ci-joint un arrêté prescrivant la destruction des souris derrière la charrue.

« *Tout laboureur devra être accompagné d'un auxiliaire qui, à l'aide d'un balai, détruira les souris des champs ou campagnols que l'ouverture du sillon fera lever derrière la charrue.*

« Ce premier moyen, simple et pratique, devra déjà amener de bons résultats ; il pourra, du reste, être prochainement suivi d'autres mesures à employer concurremment avec lui.

« Dès que vous le jugerez utile, vous déclarerez mon arrêté exécutoire dans votre commune, vous le ferez publier de suite, et vous m'en informerez en même temps que la gendarmerie.

« Je vous ferai parvenir aussitôt un nombre suffisant de placards, que vous ferez afficher.

« Les dégâts sont estimés à plus de deux millions de francs ; aucun produit agricole n'est épargné, et vous savez avec quelle fécondité effrayante ces rongeurs se propagent ; les craintes les plus grandes sont donc bien légitimes au moment où de nouvelles semences vont être confiées à la terre.

« A l'œuvre donc ! que l'initiative individuelle comprenne son propre intérêt, seconde l'action trop limitée de l'administration, et que tous, pour préserver les récoltes de l'année

prochaine, fassent partout une guerre achar-
née aux campagnols.

« Le moyen ordonné par mon arrêté peut
être insuffisant dans certaines régions, je le
reconnais ; mais c'est à vous, Monsieur le
Maire, d'user de votre influence pour faire
comprendre à vos concitoyens la nécessité de
se liguer pour combattre de concert un fléau
aussi menaçant pour l'avenir de l'agriculture,
et de suppléer à l'insuffisance du moyen ordonné.

« Divers procédés ont déjà été employés avec
succès, mais isolément ; aujourd'hui il faut
opérer avec le plus d'ensemble possible : là
est le succès.

« Je vais vous énumérer quelques moyens
que je vous engage à propager ;

« 1º La pâte phosphorée, d'un prix assez
modique et d'un emploi facile et efficace ;
cette pâte se trouve chez tous les pharmaciens.

« On la mélange soit avec des grains, soit
avec des rouelles de carottes, betteraves,
pommes de terre, etc. Dans le premier cas, il
faut l'introduire dans les trous, afin de la soustraire aux perdrix, pigeons, etc.; dans le second cas, il convient d'interdire aux moutons,
pendant une quinzaine de jours, le parcours de
la région où la pâte a été distribuée.

« Afin d'assurer à ce moyen toute son efficacité et d'agir avec l'ensemble nécessaire, il
serait à désirer que vous puissiez arriver à une
entente entre tous les propriétaires d'une
même région du territoire pour, un jour dit,
distribuer à la même heure la pâte phosphorée dans cette région, et à procéder de même

pour les autres régions du territoire de la commune ravagé par le fléau. Vous pourriez diriger vous-même cette opération ou en charger un conseiller municipal.

« 2º Un autre procédé consiste à se rendre dans les parties du champ où les ravages sont le plus considérables, et à verser de l'eau dans les trous. Les souris s'échappent de toutes parts, et il est facile, avec des balais neufs, d'en détruire en peu de temps des quantités considérables. Ce moyen est encore rendu plus efficace si, avant l'arrosage, on a eu soin de boucher avec le talon les trous environnants, pour que les souris ne puissent s'y réfugier ; du reste, on ne saurait trop recommander aux cultivateurs, chaque fois qu'ils se rendent dans les champs de boucher les trous des campagnols.

« 3º Des pots vernissés à l'intérieur ou en verre, remplis d'eau aux deux tiers et placés au ras du sol, de distance en distance, notamment dans les raies de séparation des champs, ont donné de très-bons résultats dans les endroits où ils ont été employés.

« 4º Des labours fréquents et profonds, le renversement des prairies artificielles déjà vieilles, où les souris établissent leurs quartiers d'hiver, sont aussi à conseiller.

« Il convient de même d'empêcher la destruction des chouettes, des busards, de tous les animaux de nuit qui vivent de souris, et rendent à l'agriculture des services qui ne sont pas généralement suffisamment appréciés.

« Les mèches soufrées, introduites et brûlées dans les galeries, les tuyaux de drainage fermés à une extrémité et contenant de la pâte phosphorée ou toute autre substance délétère, sont aussi des moyens pouvant être employés.

« Je pourrais en citer d'autres encore, mais tous demandent surtout à être employés d'une manière générale; et ces mesures, que doit accompagner une foule de petits détails, ne peuvent être complètement efficaces qu'avec le concours le plus actif des autorités locales et le bon vouloir des intéressés. Les rigueurs de la saison peuvent détruire beaucoup de ces rongeurs, mais il faut s'aider soi-même, et ne pas trop compter sur des circonstances atmosphériques qui peuvent déjouer les espérances.

« Le moment d'agir est venu; j'espère que vos concitoyens comprendront la nécessité de détruire ces rongeurs, et que les moyens que je viens de vous indiquer seront employés concurremment avec la destruction derrière la charrue.

« Je compte, du reste, sur votre dévouement pour les intérêts de vos concitoyens, pour forcer les plus négligents et assurer, avec la plus grande fermeté, l'application de mon arrêté de ce jour.

« Dès que cette circulaire vous sera parvenue, je vous serai obligé de me faire connaître d'urgence si votre localité est ravagée par les souris, et quelle est l'étendue du territoire atteint, ainsi que l'importance des dégâts.

« Agréez, Monsieur le Maire, l'assurance de ma considération très-distinguée.

« *Le Préfet*,

Louis JOUSSERANDOT. »

ARRÊTÉ

« Nous, préfet du département de la Marne,

« Vu les vœux, au sujet des dégàts causés par les campagnols ou souris des champs, émis par le Conseil d'arrondissement de Chàlons, la Chambre consultative d'Agriculture, le Comice central et la Société d'Agriculture, Commerce. Sciences et Arts de la Marne ;

« Vu la loi du 28 septembre et 6 octobre 1791, Titre 1er — Section IV — Article 20 :

« Vu la loi des 16 — 24 août 1790. Titre XI, Article III ;

« Vu les arrêts de la Cour de Cassation, du 23 avril 1835 et du 12 septembre 1845 ;

« Vu la dépêche ministérielle du 27 juillet 1872 ;

« Considérant que le Préfet peut ordonner, dans le département, toutes les mesures de police et de sûreté générale qui se trouvent énoncées dans les lois où le Maire trouve la source de son pouvoir ;

« Considérant qu'il y a lieu de combattre par des mesures générales, la multiplication des campagnols qui ravagent les champs de certaines contrées de la Marne,

« ARRÈTONS :

« ARTICLE PREMIER. — La destruction des souris des champs ou campagnols est ordonnée dans toutes les contrées du département où ces rongeurs exercent des ravages.

« ART. 2. — Tout laboureur devra être accompagné d'un auxiliaire qui, à l'aide d'un balai, détruira les souris ou campagnols que l'ouverture du sillon fera lever derrière la charrue.

« ART. 3. — La précédente disposition recevra son application dès qu'un arrêté du Maire l'aura rendue exécutoire dans la commune, et sera maintenue jusqu'à ce que la disparition des rongeurs ait permis à l'autorité locale de rapporter son arrêté.

« ART. 4. — Toute contravention sera constatée par un procès-verbal qui sera transmis sans retard à l'autorité judiciaire.

« ART. 5. — L'arrêté du Maire, rendant le présent exécutoire dans la commune, devra être publié et rester affiché tant qu'il n'aura pas été rapporté.

« ART. 6. — MM. les Sous-Préfets, Maires, les Officiers de police, la gendarmerie et les gardes champêtres sont chargés, chacun en ce qui le concerne d'assurer, et de surveiller l'exécution du présent arrêté.

« Châlons, le 1er août 1872.

« *Le Préfet,*
« LOUIS JOUSSERANDOT. »

Quoi de plus logique et de mieux intentionné que l'instruction et l'arrêté qui précèdent ?

Dans ces actes se trouvent résumés des conseils à tout le monde, tout ce que nous avons voulu dire, et surtout la source où MM. les Maires peuvent puiser leurs pouvoirs pour exiger et pour organiser dans leur localité une lutte régulière contre le fléau des campagnols, basée sur la combinaison des principes et des éléments développés dans ce livre que nous livrons comme un modeste essai, en comptant sur la bienveillance des lecteurs.

FIN.

5792. — Châlons, imp. Le Roy.

Nota : Nous tenons à réparer un oubli que, sans doute, personne ne pardonnerait ; nous voulons parler de l'antique souricière à deux trous, avec fil de fer disposé à ressort et à lunette, si connue de tous les temps et de tout le monde que nous nous dispensons de la décrire. Elle a rendu et rend toujours tant de services dans les habitations, les greniers, etc., que ce serait de l'ingratitude de ne pas la recommander pour la souris des champs alors que celle-ci ne fait qu'apparaître.

Son prix est de douze à quinze francs le cent, elle est rustique, résistante, facile à tendre partout, dans les emblaves, etc., et, surveillée et entretenue convenablement, elle permet de faire des prises considérables, ainsi que nous nous en sommes assuré près de plusieurs propriétaires qui trouvent ce vieux moyen aussi sûr que beaucoup d'autres sans être plus onéreux, ni plus méticuleux.

Aujourd'hui, on trouve chez les quincailliers des souricières semblables très-commodes qui se tendent sans fil.

Les petites souricières à cage ronde, en fil de fer sont aussi très-utiles.